システム監査技術者
平成25年度
午後 過去問題集

落合 和雄 著

# 本書内容に関するお問い合わせについて

このたびは翔泳社の書籍をお買い上げいただき、誠にありがとうございます。弊社では、読者の皆様からのお問い合わせに適切に対応させていただくため、以下のガイドラインへのご協力をお願い致しております。下記項目をお読みいただき、手順に従ってお問い合わせください。

●ご質問される前に

弊社Webサイトの「正誤表」をご参照ください。これまでに判明した正誤や追加情報を掲載しています。

　　　正誤表　http://www.shoeisha.co.jp/book/errata/

●ご質問方法

弊社Webサイトの「刊行物Q&A」をご利用ください。

　　　刊行物Q&A　http://www.shoeisha.co.jp/book/qa/

インターネットをご利用でない場合は、FAXまたは郵便にて、下記"翔泳社 愛読者サービスセンター"までお問い合わせください。
電話でのご質問は、お受けしておりません。

●回答について

回答は、ご質問いただいた手段によってご返事申し上げます。ご質問の内容によっては、回答に数日ないしはそれ以上の期間を要する場合があります。

●ご質問に際してのご注意

本書の対象を越えるもの、記述個所を特定されないもの、また読者固有の環境に起因するご質問等にはお答えできませんので、予めご了承ください。

●郵便物送付先およびFAX番号

送付先住所　　〒160-0006　東京都新宿区舟町5
FAX番号　　　03-5362-3818
宛先　　　　　（株）翔泳社 愛読者サービスセンター

※ 著者および出版社は、本書の使用による情報処理技術者試験合格を保証するものではありません。
※ 本書に記載されたURL等は予告なく変更される場合があります。
※ 本書の出版にあたっては正確な記述につとめましたが、著者や出版社のいずれも、本書の内容に対してなんらかの保証をするものではなく、内容やサンプルに基づくいかなる運用結果に関してもいっさいの責任を負いません。
※ 本書に掲載されているサンプルプログラムやスクリプト、および実行結果を記した画面イメージなどは、特定の設定に基づいた環境にて再現される一例です。
※ 本書では ™、®、© は割愛させていただいております。

## 平成25年度

# システム監査技術者

| | |
|---|---|
| 平成25年度 午後Ⅰ　問1 | 4 |
| 問2 | 13 |
| 問3 | 22 |
| 問4 | 31 |
| 平成25年度 午後Ⅱ　問1 | 40 |
| 問2 | 48 |
| 問3 | 58 |

# 午後Ⅰ問1

**問** システム開発の企画段階における監査に関する次の記述を読んで，設問1～4に答えよ。

S社は，飲食チェーン店を中心に事業を拡大している企業である。S社では，これまで自社の開発標準に従って，ウォータフォール型の開発を行ってきた。今後は，介護ビジネスなど，新たな事業分野への進出に柔軟に対応するために，"アジャイル開発"を採用することにし，今回，短期間で営業支援システムを開発することにした。

〔アジャイル開発を採用した経緯〕

営業支援システムの開発に当たって，介護ビジネスを推進する営業企画部とシステム部が，開発予算と稼働時期について相談した。システム部は，要件定義から本番稼働までに約1年掛かるという見通しであった。一方，営業企画部は，これから新しいビジネスを立ち上げるので，要件定義で全ての要件を確定するのは難しいと主張した。

そこで，システム部長は，開発を進めながら要件を柔軟に追加・変更して，ビジネスの変化に対応できるアジャイル開発の採用を提案した。その際，アジャイル開発の特徴について，営業企画部に対して次のように説明した。

(1) 開発方法論よりも，関係者間の対話を重視して，開発を進める。

(2) ドキュメントの作成よりも，動作するプログラムの開発を優先する。

(3) 計画に従うことよりも，ビジネスの変化への柔軟な対応を重視する。

システム部長は，営業企画部の了解を取り付けた上で，経営陣の承認を得た。社長は，アジャイル開発を採用するに当たり，そのメリットを十分に生かして開発を無事成功させるために，企画段階でのシステム監査を実施するよう，監査部に指示した。

〔予備調査の概要〕

監査部が予備調査を行って分かったことは，次のとおりである。

1. 開発体制

プロジェクトマネージャ（PM）にはシステム部のT氏が任命され，営業企画部とシステム部からメンバを選び，開発プロジェクトが編成された。

開発プロジェクトの体制と役割分担は，表1のとおりである。

### 表1 開発プロジェクトの体制と役割分担

| 名称 | 役割分担 |
|------|----------|
| PM | ・次の4チームを統括する。<br>・プロセスオーナとして，組み込む要件の優先順位を付ける。 |
| 管理チーム | ・管理作業の内容及び手順を決定する。<br>・進捗状況を確認し，管理する。 |
| 基盤チーム | ・開発環境の導入及び設定を行う。<br>・開発手順を決定し，メンバを教育する。 |
| 開発チーム | ・確定した要件の機能設計，プログラミング，単体テスト及びレビューを実施する。 |
| ユーザチーム | ・システムに組み込みたい要求を提示する。<br>・確定した要件が実現されているかどうか確認するためのテストを実施する。 |

2. 開発企画書の概要

開発プロジェクトが作成した開発企画書の概要は，次のとおりである。

(1) 本番稼働環境のインフラと，アプリケーションの開発スコープが決まったら，要件定義工程以降は，ユーザチームが機能を評価するためのプログラムの開発を最優先する。

(2) 要件定義工程以降は，次の①～④のプロセスを繰り返す。繰返しの単位を"イテレーション"という。イテレーションの中で，プログラムの動作を確認しながら要件を確定していく。

① 開発チームとユーザチームは，ユーザチームの要求を検討し，今回のイテレーションで開発する機能を検討し，要件を確定する。

② 開発チームは，確定した要件について，機能設計，プログラミング，単体テスト及びレビューを行う。

③ ユーザチームは，確定した要件が実現されているかどうか確認するためのテストを行う。

④ 管理チームとユーザチームは，テスト結果を確認し，成果物と進捗状況を確認する。

(3) イテレーションは4週間を1単位として，6回実施する。

(4) イテレーションを実施している途中では，随時変更が発生するような設計ドキュメントは作成しない。

(5) 基盤チームは，イテレーションの中で使用する開発ツール及びコミュニケーションツールを準備する。S社では，これまでのウォータフォール型の開発方法論に比べて，アジャイル開発の方法論は厳密に定義されているわけではない。そこで，開発ツールの使用方法及びチーム間のコミュニケーションについては，修正

を加えながら開発を進めていくことにする。これらのツールを使用して，進捗管理，品質管理，バージョン管理などを行い，情報を共有することでプロジェクトの状況を可視化することができる。

(6) 最後のイテレーションで実装された機能を，最終的に営業支援システムで実現する要件として決定する。

〔本調査の実施〕
　システム監査人は，開発企画書をレビューし，関係者へのインタビューを行った。その結果は，次のとおりである。

(1) 開発チームのメンバの中には，アジャイル開発ではドキュメントを全く作成する必要がないと考えている者がいた。システム監査人は，開発段階のドキュメントは要件が頻繁に変更されるので，その都度ドキュメントを修正することは確かに効率が悪いということは理解した。しかし，計画段階で作成しておくべきドキュメントまで作成しないのは，リスクがあると考えた。そこで，システム化の目的を記述したドキュメント，及び開発を開始する際に必要な要件，スコープなどを記述したドキュメントの作成状況を確認した。また，保守・運用段階で必要となるドキュメント（システム構成などの記述）が作成されることになっているかどうかについても確認した。

(2) システム監査人は，1回のイテレーションの中で実施するプロセスについて，PMのT氏にインタビューした。T氏によると，〔予備調査の概要〕2. 開発企画書の概要(2)の④のプロセスで1回のイテレーションを終了して，次のイテレーションを開始する計画であるとのことであった。システム監査人は，次のイテレーションに向けて組み込んでおくべきコントロールとして，④のプロセスの後に実施すべきプロセスがあると考えた。

(3) 開発チームには，アジャイル開発の経験があり，開発技術を熟知した外部のコンサルタントも参加している。また，ユーザチームには，業務内容を把握している営業企画部の社員が参加している。システム監査人は，アジャイル開発の進め方の特徴をコンサルタントからヒアリングした中で，プロセスオーナが要件の最終確定を行うという原則が重要であることを認識した。その点を考慮すると，表1の役割分担では，要件の確定においてリスクがあると考えた。

(4) システム監査人は，〔予備調査の概要〕2. 開発企画書の概要(5)のような状況では，開発をスムーズに進めていく上でリスクがあると考えた。その理由は，開発チームは，アジャイル開発を初めて経験するメンバが多く，ツールの使用方法にも習熟していないからである。そこで，開発の開始段階で実施しておくべきコントロー

ルがあると判断し，Ｔ氏にインタビューした。また，開発の途中で，このコントロールが有効に機能しているか確認する必要があると考えた。

**設問1** 〔本調査の実施〕(1) について，(1)，(2) に答えよ。

(1) システム監査人が考えた，計画段階でドキュメントを作成しない場合のリスクを，25字以内で述べよ。

(2) システム監査人が考えた，保守・運用段階のドキュメントが不足した場合のリスクを，30字以内で述べよ。

**設問2** 〔本調査の実施〕(2) について，システム監査人が実施しておくべきであると考えたプロセスを，30字以内で述べよ。

**設問3** 〔本調査の実施〕(3) について，システム監査人が，リスクがあると考えた理由を，50字以内で述べよ。

**設問4** 〔本調査の実施〕(4) について，(1)，(2) に答えよ。

(1) システム監査人がＴ氏にインタビューして確認した監査項目を，35字以内で述べよ。

(2) システム監査人が開発の途中で確認するための監査手続を，40字以内で述べよ。

# 解答例・解説

## ●解答例（試験センター公表の解答例より）

設問1　(1) スコープ外の要求まで取り込んでしまうリスク（21字）

　　　　(2) 調査に工数が掛かり，障害への迅速な対応ができないリスク（27字）

設問2　イテレーションの進め方を評価し，次回に反映すること（25字）

設問3　システム部のT氏がプロセスオーナだと，業務の要件や優先順位を的確に判断し意思決定できないから（46字）

設問4　(1) ツールの使用方法を参加メンバに周知する場が設けられているか（29字）

　　　　(2) 事前に決められたルールに従って成果物が作成されているかどうかを確認する（35字）


## ●問題文の読み方

### (1) 全体構成の把握

| 概要 | | | |
|---|---|---|---|
| アジャイル開発を採用した経緯 | | 本調査の実施 | 設問 |
| 予備調査の概要 | | | |

　最初に概要があり，続いてアジャイル開発を採用した経緯が書かれている。その後に，予備調査の概要と本調査の実施という最近多くなっている出題パターンになっている。本調査のなかでいくつかの問題点が指摘されており，その問題点に関する解答のヒントが予備調査の概要に書かれているパターンがほとんどである。


### (2) 問題点の整理

　すべての設問が［本調査の実施］の（1）～（4）の指摘事項からの出題になっている。また，そのヒントの多くが［予備調査の概要］に書かれているので，この両者の関連する個所を的確につかむことが，解答への第一歩になる。この対応関係を表にすると以下のようになる。

| 項番 | 指摘事項 | ［予備調査の概要］の対応個所 |
|------|---------|---------------------------|
| (1) | ・ドキュメントを作成しないことのリスク | 該当なし |
| (2) | ・追加すべきプロセスがある。 | 2．開発企画書の概要（2）<br>2．開発企画書の概要（5） |
| (3) | ・役割分担が適切でない。 | 表1 |
| (4) | ・ツールの使用方法を熟知していない。 | 2．開発企画書の概要（5） |

## （3）設問のパターン

| 設問番号 | 設問のパターン | 設問の型 | | |
|---------|--------------|:---------:|:---------:|:---------:|
| | | パターンA | パターンB | パターンC |
| 設問1 | リスクの指摘 | | ◎ | |
| 設問2 | 改善事項の指摘 | | ◎ | |
| 設問3 | リスクの指摘 | | ◎ | |
| 設問4（1） | 監査対象の指摘 | | ◎ | |
| 設問4（2） | 監査手続の指摘・追加 | | ◎ | |

## ●設問別解説

### 設問1

## リスクの指摘

（前提知識）

システム開発に関するコントロールの基本知識

（解説）

　（1）計画段階でドキュメントを作成しない場合のリスクを答える設問である。［本調査の実施］（1）に，「開発チームのメンバの中には，アジャイル開発ではドキュメントを全く作成する必要がないと考えている者がいた。」と書かれており，計画段階においてもドキュメントが作成されていない可能性があることがわかる。このようにドキュメントが作成されないことによるリスクのヒントを考えるうえで参考になるのが，［本調査の実施］（1）の，「そこで，システム化の目的を記述したドキュメント，及び開発を開始する際に必要な要件，スコープなどを記述したドキュメントの作成状況を確認した。」という記述である。これにより，システム監査人は，「システム化の目的を記述したドキュメント，及び開発を開始する際に必要な要件，スコープなどを記述したドキュメント」が必要だと考えていることがわかる。したがって，これらが作成されていないとどんなリスクがあるかを考えればよい。システム

午後Ⅰ　問1

午後Ⅱ

9

化の目的や必要な要件，スコープがドキュメント化されていないと，開発範囲が明確でなくなり，スコープ外の要求まで取り込んでしまうリスクがあると考えられる。

（2）保守・運用段階のドキュメントが不足した場合のリスクを答える設問である。［本調査の実施］（1）の，「また，保守・運用段階で必要となるドキュメント（システム構成などの記述）が作成されることになっているかどうかについても確認した。」という記述が唯一のヒントなので，システム構成などの記述がないとどんなリスクがあるかを考えればよい。システム構成などの記述がないと，障害発生時や保守の必要性が出たときに，どこを修正してよいかがわからず，調査に工数が掛かり，迅速な対応ができないことが考えられるので，これを解答とすればよい。解答例は障害を対象にしているが，もう少し範囲を広げて，障害および保守の時という表現でもよいと思われる。

### 自己採点の基準

（1）スコープ外の要求を取り込んでしまうリスクを挙げていればよい。スコープが不明確で，開発範囲が広がることを挙げてもよいと思われる。

（2）調査に工数が掛かることと，それにより障害に迅速な対応ができないことを挙げていればよい。後半は，保守まで含めたり，コストがかかる点を挙げてもよいと思われる。

## 設問2
### 改善事項の指摘

### 前提知識
システム開発に関するコントロールの基本知識

### 解説

1回のイテレーションの最後に実施すべきプロセスを答える設問である。各イテレーションの中で実施されるプロセスの内容は，［予備調査の概要］の2. 開発企画書の概要（2）に書かれているが，これを見るとテスト結果と成果物を確認した後に，すぐに次のイテレーションに入ることになっている。一方，［予備調査の概要］の2. 開発企画書の概要（5）には，「S社では，これまでのウォータフォール型の開発方法論に比べて，アジャイル開発の方法論は厳密に定義されているわけではない。そこで，開発ツールの使用方法及びチーム聞のコミュニケーションについては，修正を加えながら開発を進めていくことにする。」と書かれており，各イテレーションを繰り返す中で，進め方について修正を加えていく必要があることがわかる。この修正作業は，通常は各イテレーションの最後にそのイテレーションの内容を評価し

た上で行うことになる。したがって，解答としては，イテレーションの進め方を評価し，次回に反映することを挙げればよい。

（自己採点の基準）

　イテレーションの評価を行うことと，それに基づいて次のイテレーションに反映することや，修正を行うことを挙げればよい。

## 設問3
### リスクの指摘

（前提知識）

システム開発に関するコントロールの基本知識

（解説）

　現在の役割分担ではリスクが存在する理由を答える設問である。表1から体制と役割分担を確認すると，プロセスオーナがPMであることがわかる。PMはシステム部のT氏なので，システムオーナはT氏であることがわかる。一方，［本調査の実施］(3)には，「システム監査人は，アジャイル開発の進め方の特徴をコンサルタントからヒアリングした中で，プロセスオーナが要件の最終確定を行うという原則が重要であることを認識した。」と書かれており，要件の最終確定はプロセスオーナであるシステム部のT氏が行うことがわかる。しかし，［アジャイル開発を採用した経緯］を見ると，営業企画部が今回のシステムの要件に深く関わることがわかる。また，［本調査の実施］(3)に「また，ユーザチームには，業務内容を把握している営業企画部の社員が参加している。」と書かれているように，営業支援システムの業務内容について詳しく知っているのは営業企画部の社員であることがわかる。したがって，解答としては，システム部のT氏がプロセスオーナだと，業務の要件や優先順位を的確に判断し意思決定できない点を指摘すればよい。

（自己採点の基準）

　システム部のT氏がプロセスオーナだと，業務の要件や優先順位を的確に判断できない点を挙げていればよい。

**11**

## 設問4

### (1) 監査対象の指摘

### (2) 監査手続の指摘・追加

前提知識

システム開発に関するコントロールの基本知識

解説

（1）システム監査人がT氏にインタビューして確認した監査項目を述べる設問である。［本調査の実施］（4）に「その理由は，開発チームは，アジャイル開発を初めて経験するメンバが多く，ツールの使用方法にも習熟していないからである。」と書かれており，この問題を解決するためのコントロールが存在するかを確認することになる。このために，どのようなコントロールが必要かは問題文には書かれていないので，一般論で考えることになる。普通，このような場合には，ツールの使用方法を教育するような場を設けることになるので，それを解答とすればよい。

（2）システム監査人が開発の途中で確認するための監査手続を述べる設問である。（1）で必要なコントロールが明確になっているので，それを監査するための，監査手続を述べればよい。コントロールの内容は，ツールの使用方法を参加メンバに周知する場が設けられていて，参加メンバがツールをうまく使いこなしていることである。しかし，ここで答えるのは，このコントロール自体のチェックではなく，このコントロールが有効に機能していることの確認のための監査手続である。［予備調査の概要］の2．開発企画書の概要（5）には，「これらのツールを使用して，進捗管理，品質管理，バージョン管理などを行い，情報を共有することでプロジェクトの状況を可視化することができる。」と書かれており，コントロールが有効に機能すれば，ツールを利用して適切な管理が行えることがわかる。この適切な管理が行われていることを確認するためには，途中のそれぞれの管理状況を確認する方法もあるが，一番実施しやすいのは，成果物がルールに従って作成されていることを確認することである。

自己採点の基準

（1）ツールの使用方法を参加メンバに周知する場が設けられている点を指摘すればよい。後半部分は教育が行われているかという観点でもよいと思われる。

（2）成果物が事前に決められたルールに従って作成されているかどうか確認する点を挙げてあればよい。

# 午後Ⅰ問2

**問** 情報システム運用の監査に関する次の記述を読んで，設問1～4に答えよ。

M病院は，約200の病床を有する一般病院であり，7年前に電子カルテシステムを導入して現在に至っている。

〔電子カルテシステムの概要〕

電子カルテシステムは，従来紙カルテに記録していた情報を電子データに置き換え，院内での情報共有を図るものである。また，処方，検査などの指示（以下，オーダという）を行う機能も有しているので，医師は，電子カルテシステムに診療内容を記録し，薬剤部，検査部，放射線部，栄養管理部などの部門システムに，オーダを直接送信することができる。

M病院が導入した電子カルテシステムは，外部ベンダが開発したソフトウェアパッケージで，導入以降およそ2年ごとにバージョンアップが行われており，直近のバージョンアップが行われたのは1年前である。

〔システム運用環境の概要〕

(1) 電子カルテシステムが稼働するサーバを含め，全てのサーバは院内のサーバルームに設置され，事務部システム課に所属する5名の職員が管理している。

(2) 本番システムについては，システム障害発生時に備えてハードウェアを冗長化しているが，災害発生時に備えたバックアップサイトはもっていない。

(3) バックアップデータの保管については，専門業者の遠隔地データ保管サービスを1年前から利用している。バックアップデータは日次で取得し，サーバルームに一時保管した後，週次で専門業者に引き渡している。従来サーバルームに保管していた全てのバックアップデータの移動は完了している。

〔電子保存の要求事項及び代行操作の承認機能に関するガイドライン〕

電子カルテシステムについては，法的に保存が義務付けられている診療記録を電子データで保存するための前提として，表1に示す電子保存の要求事項を満たすことが求められている。

## 表1　電子保存の要求事項

| 項番 | 要求事項 | 内容 |
|---|---|---|
| 1 | 真正性の確保 | (1) 故意又は過失による虚偽入力，書換え，消去及び混同を防止すること。<br>(2) 作成の責任の所在を明確にすること。 |
| 2 | 見読性の確保 | (1) 情報の内容を必要に応じて肉眼で見読可能な状態に容易にできること。<br>(2) 情報の内容を必要に応じて直ちに書面に表示できること。 |
| 3 | 保存性の確保 | (1) 法令に定める保存期間内，復元可能な状態で保存すること。 |

出典：厚生労働省"医療情報システムの安全管理に関するガイドライン第4.1版"を基に作成

　また，M病院では，医療品質の向上及び業務運用の効率化を図るために，医師，看護師など専門性が必要とされる医療関係職員と，メディカルクラークと呼ばれる事務職員（以下，MCという）の役割分担が推進されている。

　具体的には，役割分担の一環として，医師の指示の下でMCが医師に代わって電子カルテに記録する代行操作を認めている。ただし，オーダについては，従来どおり医師が行う必要がある。代行操作を依頼した医師は，電子カルテの記録内容を承認して確定操作を行わなければならない。記録内容の承認については，表1の項番1に示す要求事項を満たしていなければならない。そのために，表2に示すガイドラインに基づき，運用管理規程で運用方法を定めている。

## 表2　代行操作の承認機能に関するガイドライン（抜粋）

| 項番 | 内容 |
|---|---|
| 1 | 代行操作を運用上認めるケースがあれば，具体的にどの業務などに適用するか，また誰が誰を代行してよいかを運用管理規程で定めること。 |
| 2 | 代行操作が行われた場合には，誰の代行が誰によっていつ行われたかの管理情報が，その代行操作の都度記録されること。 |
| 3 | 代行操作によって記録されたカルテなどは，代行操作を依頼した医師によってできるだけ速やかに承認されなければならない。 |
| 4 | 一定時間後に記録が自動確定するような運用の場合は，作成責任者を特定する明確なルールを策定し運用管理規程に明記すること。 |

出典：厚生労働省"医療情報システムの安全管理に関するガイドライン第4.1版"を基に作成

〔システム監査の実施〕

　監査室長は，年次監査計画に基づき，2名のシステム監査人を任命し，電子カルテシステムの運用に関する監査を指示した。システム監査人は，文書などの閲覧及び関係者へのインタビューを通じて，次の事項を発見した。

(1) 電子カルテシステムの操作ログを用いて代行操作の状況を調査したところ，多数のMCが代行操作を行っており，医師とMCの役割分担が進んでいる。

(2) 電子カルテの記録内容について，医師がやむを得ず一定時間内に承認及び確定操

作を行えなかった場合は，電子カルテシステムによる自動確定が行われる。これは，予約外の外来患者が多いといった，特別な理由がない日にも発生している。
(3) 業務継続計画（以下，BCPという）の訓練の一部として，電子カルテシステムのバックアップデータを参照するテストが初めて行われている。このテストの対象は，サーバルームに保管しているバックアップデータだけである。また，電子カルテシステムのデータはベンダ独自の形式なので，電子カルテシステムを使用できない場合にデータを参照するには，専用ソフトウェアが必要である。専用ソフトウェアは，電子カルテシステムのバージョンアップの際，ベンダからバージョンに対応したものが提供されている。

　なお，処方，検査などの指示を行うオーダ業務については，手書き伝票の起票によって容易に代替できるという理由で，BCPが策定されていない。

〔システム監査における指摘事項〕
　システム監査人は，指摘事項を次のようにまとめた。
(1) 代行操作について，誰（MC）が誰（医師）の代行者なのか，あらかじめ特定されていないケースが見られる。表2の項番1に関する内容が運用管理規程に含まれているが，明確に記述されておらず，正しく理解されていないことが原因だと考えられる。運用管理規程の明確化が必要である。
(2) 代行操作によって電子カルテに記録された内容について，自動確定が行われているケースが見られる。運用管理規程では，自動確定時における電子カルテの作成責任者は，代行操作を依頼した医師であると定めている。ただし，自動確定はやむを得ない場合の処置であり，原則として自動確定に至る前に医師が承認及び確定操作を行うことと定められている。自動確定を減少させるために，電子カルテシステムの機能強化を図るべきである。
(3) 電子カルテシステムのバックアップデータ参照テストにおけるテスト対象のデータは，サーバルームに保管されているものである。これだけでは，電子カルテシステムを使用できない場合に，業務が中断するおそれがある。業務上必要となる期間のバックアップデータを対象に，テストを実施する必要がある。
(4) オーダ業務について，電子カルテシステムを使用できない場合の運用手続が定められておらず，手書き伝票による代替運用が実質的に機能しない可能性がある。手書き伝票に切り替えた場合の運用手続を定め，BCPを策定し，訓練を行う必要がある。

**設問1**　〔システム監査の実施〕の (1) について，システム監査人が，操作ログの調査に

際してあらかじめ確かめておくべき前提条件を，40字以内で具体的に述べよ。

**設問2** 〔システム監査における指摘事項〕の（2）について，システム監査人が想定した，電子カルテシステムの自動確定に関する機能強化に必要な内容を，35字以内で述べよ。

**設問3** 〔システム監査における指摘事項〕の（3）について，システム監査人が"業務が中断するおそれがある"と考えた理由を，表1の項番2の二つの観点から，それぞれ45字以内で述べよ。

**設問4** 〔システム監査における指摘事項〕の（4）について，システム監査人が，"手書き伝票による代替運用が実質的に機能しない可能性がある"と考えた理由を，40字以内で述べよ。

# 解答例・解説

## ●解答例（試験センター公表の解答例より）

設問1　ユーザID及びパスワードの管理が適切で，なりすましの可能性がないこと

（別解）　調査の対象となる操作ログがすべて揃っており，改ざんが行われていないこと

設問2　自動確定前に，医師へ承認及び確定操作を促す通知を表示する機能

設問3　（1）　異なるバージョンで作成されたバックアップデータを参照するテストが行われていないから

　　　　（2）　適切な時間内に遠隔地のバックアップデータを入手し書面化するテストが行われていないから

設問4　手書き伝票で運用を代替した場合の業務負荷の増加分が検証されていないから

（別解）　手書き伝票起票後の各部門システムとの連携方法が検証されていないから

## ●問題文の読み方

### （1）全体構成の把握

| 概要 | | システム監査の実施 | |
|---|---|---|---|
| 電子カルテシステムの概要 | | | 設問 |
| システム運用環境の概要 | | システム監査における指摘事項 | |
| 電子保存の要求事項及び代行操作の承認機能に関するガイドライン | | | |

　最初に概要があり，続いて電子カルテシステムの概要とシステム運用環境の概要が述べられている。その後に，電子保存の要求事項及び代行操作の承認機能に関するガイドラインが詳しく述べられており，ここに解答のヒントが多く書かれている。特にここに含まれる二つの表にヒントが書かれているので注意が必要である。次にシステム監査の実施が書かれており，システム監査の実施内容が確認できる。最後のシステム監査における指摘事項には，監査結果に基づく指摘事項が整理されており，ここが設問と直接結びついている。

　業務内容は難しくないが，解答のヒントがそれほど明確に書かれていないので，どのような観点から考えて，どのように表現するか迷う設問が多く，少し難しく感じた受験者が多かったのではないかと思われる。

17

## (2) 問題点の整理

すべての設問が，**表1，表2，〔システム監査の実施〕，〔システム監査における指摘事項〕**の各項目と関連しているので，設問とこれらの関連を整理することが，解答への第一歩になる。この関連を整理すると以下のようになる。

| 設問 | 表1 | 表2 | システム監査の実施 | システム監査における指摘事項 |
|------|-----|-----|------------------|----------------------------|
| 1 |  |  | (1) |  |
| 2 |  | 3, 4 | (2) | (2) |
| 3 | 2 |  | (3) | (3) |
| 4 |  |  | (3) | (4) |

## (3) 設問のパターン

| 設問番号 | 設問のパターン | 設問の型 | | (序章P27参照) |
|---------|--------------|---------|---------|--------------|
|  |  | パターンA | パターンB | パターンC |
| 設問1 | 監査計画の問題点指摘 | ◎ |  |  |
| 設問2 | コントロールの不備・根拠の指摘 |  | ◎ |  |
| 設問3 | 指摘事項の不備・根拠の指摘 |  | ◎ |  |
| 設問4 | 指摘事項の不備・根拠の指摘 |  | ◎ |  |

## ●設問別解説

### 設問1

#### 監査計画の問題点指摘

**前提知識**

セキュリティに関する基本的な知識

**解説**

問題文に明確なヒントがないので，どのような観点から答えるか少し迷う設問である。監査ログの調査に際してあらかじめ確かめておくべき前提条件とは，この条件が満たされないと監査ログを調べても正しい真実がつかめないものであると考えることができる。この調査で調べたいことは代行操作の状況なので，どういう条件が成立しないと監査ログを調べても真実がつかめないか考えてみると以下のようなケースが想定される。

①操作した人以外のユーザIDで操作が行われている。

②すべての操作が操作ログに記録されていない。

③操作ログが改ざんされている。

　解答としては，これらの可能性がなくなるように条件が整備されていることを挙げればよい。

　①が発生しないためには，ユーザID及びパスワードの管理が適切であることを挙げればよい。②が発生しないためには，操作ログが全操作について記録されていることを挙げればよい。③については改ざんが発生していないことを挙げればよい。これらのどれを解答してもよいが，複数の可能性も考慮した解答の方が解答の確実性を増すためにはよいであろう。

### 自己採点の基準

　ユーザID及びパスワードの管理が適切であること，あるいは，ユーザID及びパスワードの不適切な利用がないことを指摘していればよい。

　別解としては，操作ログが全件記録されており，かつ，改ざんがないことが指摘されていればよい。

### 設問2
## コントロールの不備・根拠の指摘

### 前提知識
内部統制の基本的知識

### 解説

　自動確定に必要な機能強化に必要な内容を答える設問である。表2の項番3に「代行操作によって記録されたカルテなどは，代行操作を依頼した医師によってできるだけ速やかに承認されなければならない。」と書かれており，代行操作に関して本来は代行操作を依頼した医師による承認が必要なことが分かる。しかし，〔システム監査の実施〕(2)に「これは，予約外の外来患者が多いといった，特別な理由がない日にも発生している。」と書かれているように，実際は自動確定が頻繁に行われてしまっていることが分かる。これを解決する方法を考えればよい。

　解決策としては，自動確定をやめてしまうことも考えられるが，設問で求められているのは自動確定に関する機能強化なので，自動確定自体を否定しているわけではないことが分かる。したがって，自動確定が本当にやむを得ない場合に限定されるようにすればよい。このためには，自動確定前に医師へ承認及び確定操作を促す通知を表示するようにすればよい。

**自己採点の基準**

自動確定前あるいは一定期間経過後に医師へ承認及び確定操作を促す通知を表示する点を挙げればよい。

## 設問3
### 指摘事項の不備・根拠の指摘

**前提知識**

全般統制に関する基本的な知識

**解説**

電子カルテシステムのバックアップデータに関して，業務が中断するおそれがあると考えた理由を述べる設問である。**表1の項番2**の二つの観点から解答する必要がある。**表1の項番2**を見ると，「(1) 情報の内容を必要に応じて肉眼で見識可能な状態に容易にできること。」と書かれているので，電子カルテシステムが肉眼で見ることができないリスクを考えればよい。〔**システム監査の実施**〕(3) には，「このテストの対象は，サーバルームに保管しているバックアップデータだけである。」と書かれており，遠隔地のバックアップデータに関してはテストが行われていないことが分かる。また，続いて「また，電子カルテシステムのデータはベンダ独自の形式なので，電子カルテシステムを使用できない場合にデータを参照するには，専用のソフトウェアが必要である。専用ソフトウェアは，電子カルテシステムのバージョンアップの際，ベンダからバージョンに対応したものが提供されている。」と書かれており，電子カルテシステムのバージョンが異なるとそのバージョンに対応した専用ソフトウェアでないと参照できない可能性があることが分かる。これらのことから理由としては，異なるバージョンで作成されたバックアップデータを参照するテストが行われていない点を指摘すればよいことが分かる。

**表1の項番2**の二つ目の項目には，「(2) 情報の内容を必要に応じて直ちに書面に表示できること。」と書かれている。しかし，〔**システム監査の実施**〕(3) には，「業務継続計画（以下，BCPという）の訓練の一部として，電子カルテシステムのバックアップデータを参照するテストが初めて行われている。」と書かれており，参照のテストだけで書面化するテストは行われていないことが分かる。しかも，それはサーバルームに保管しているバックアップデータだけである。したがって，解答としては，適切な時間内に遠隔地のバックアップデータを入手し書面化するテストが行われていない点を指摘すればよい。

## 自己採点の基準

　一つ目の理由としては，異なるバージョンで作成されたバックアップデータを参照するテストが行われていない点に言及していれば正解とする。テストの観点でなく，遠隔地に保管したバックアップデータが専用ソフトのバージョンにより参照できない可能性がある点を指摘する解答も考えられるが，〔システム監査の指摘事項〕(3) に「業務上必要となる期間のバックアップデータを対象に，テストを実施する必要がある。」と書かれていることを考慮すると，前者の解答の方が好ましいことが分かる。

　二つ目の理由としては，まず書面化するテストが行われていない点を挙げなければならない。また，字数が45字と長いことを考慮すると，遠隔地のバックアップデータを使用すべき点も挙げておくべきであろう。

## 設問4
### 指摘事項の不備・根拠の指摘

### 前提知識

全般統制に関する基本的な知識

### 解説

　システム監査人が，"手書き伝票による代替運用が実質的に機能しない可能性がある"と考えた理由を述べる設問である。〔システム監査の実施〕(3) に，「なお，処方，検査などの指示を行うオーダ業務については，手書き伝票の起票によって容易に代替できるという理由で，BCPが策定されていない。」と書かれており，本当に容易に代替できるのかどうかを確認する必要がある。〔電子カルテシステムの概要〕には，「また，処方，検査などの指示（以下，オーダという）を行う機能も有しているので，医師は，電子カルテシステムに診療内容を記録し，薬剤部，検査部，放射線部，栄養管理部などの部門システムに，オーダを直接送信することができる。」と書かれており，電子カルテシステムがオーダ業務の効率化に寄与していることが分かる。したがって，オーダ業務を手作業で行った場合には，業務負荷が増加することが予想され，それも考慮した検証が必要になる。手書き伝票による代替運用が実質的に機能しない可能性としては，この他に手書き伝票での処理に各部門が対応できない点も挙げることができるので，これを解答としてもよい。

### 自己採点の基準

　業務負荷の増加分の検証について記載されていれば正解とする。また，手書き伝票での処理ができるかどうかの検証について記載されていても正解とする。

# 午後Ⅰ 問3

**問** プロジェクト会計システムの監査に関する次の記述を読んで，設問1～4に答えよ。

Z社は，情報システムの受託開発を主力事業とする情報処理サービス会社である。Z社では，開発プロジェクト（以下，プロジェクトという）ごとの原価計算と工事進行基準による損益管理を行うために，プロジェクト会計システムを使用している。

プロジェクト会計システムは，図1に示すように，プロジェクトマスタ管理，作業実績管理及びプロジェクト損益管理を行う，三つのサブシステムから構成されている。内部監査部では，年度監査計画に基づいて，システム監査を実施することになった。

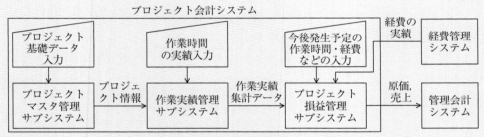

図1　プロジェクト会計システムの概要

〔予備調査の概要〕

システム監査人は，プロジェクト会計システムの概要を把握するために，予備調査を行った。その結果は，次のとおりである。

1. プロジェクトマスタ管理

(1) プロジェクトの担当部署は，新規システムの開発，既存システムの保守などの作業を受注すると，顧客からの注文書を添付して，プロジェクト番号発行依頼書を業務部へ提出する。業務部は，注文書の内容を確認した上で，プロジェクト番号を発行し，プロジェクトマスタに登録する。登録内容は，プロジェクト名，プロジェクト番号，プロジェクト責任者，プロジェクト管理者，プロジェクトメンバ，プロジェクトの開始日・終了予定日，受注金額，プロジェクトメンバごとの計画作業時間，予定原価総額などである。プロジェクトの内容によって，複数部

署の技術者がプロジェクトメンバとなる場合もある。

(2) プロジェクトごとに，プロジェクト管理者が1名任命され，プロジェクトメンバへの指示，顧客との連絡・調整などを行う。プロジェクト管理者の上位者であるプロジェクト責任者は，プロジェクトの売上・損益などについて責任を負う。プロジェクトの売上・損益の規模，及び計画と実績との差異は，プロジェクト責任者及びプロジェクト管理者の業績評価の項目となっている。

(3) 顧客から正式な注文書を受領する前にプロジェクトの作業に着手する必要がある場合には，仮発番を行うことによって，作業に着手できる。仮発番とは，仮プロジェクト番号を発行する手続であり，その内容は次のとおりである。

① プロジェクトの担当部署は，顧客から発注内示書を受領すると，プロジェクト番号発行依頼書に，その発注内示書を添付して業務部へ提出する。

② 業務部は，仮プロジェクト番号を発行して，プロジェクトマスタに登録する。仮プロジェクト番号の有効期間は，仮プロジェクト番号発行後2週間である。

③ プロジェクトの担当部署が顧客から正式な注文書を入手し，業務部へ提出することによって，仮プロジェクト番号は正式なプロジェクト番号に切り替えられる。

## 2. 作業実績管理

(1) 開発部門及び品質管理部門の技術者は，毎日の作業時間の実績を，作業実績管理サブシステムへ入力する。技術者は，同時に複数のプロジェクトのプロジェクトメンバとなる場合があり，その場合は，プロジェクトごとに作業時間の実績を入力する。営業支援活動，教育，職場内の打合せなど，どのプロジェクトにも該当しない作業については，"一般作業"として時間を入力する。

(2) 技術者の所属部署の上長は，毎日，技術者の入力内容を確認し，承認処理を行う。上長は，毎月，月末までの作業時間の実績について，翌月の第1営業日に月次承認を行って，確定する。

(3) 技術者は，作業実績管理サブシステムとは別に，就業規則に基づく実働時間を，勤怠管理システムへ入力する。上長は，正しい実働時間を把握できるように，入退室管理システムによる在室時間を確認した上で，技術者の実働時間を承認する。

## 3. プロジェクト損益管理

(1) 作業時間の実績の月次承認後，プロジェクトごとに各技術者の作業実績集計データが，プロジェクト損益管理サブシステムへ取り込まれる。また，プロジェクト管理者は，プロジェクトの状況を基に，プロジェクト売上総額を毎月見直して入力し，また，今後発生予定のプロジェクトメンバごとの作業時間及び経費を入

力する。その後，月次バッチ処理によって，プロジェクトごとの原価及び工事進行基準による売上が，表1に示す計算式によって算出される。

**表1　プロジェクトの原価・売上の計算式**

| 項目 | 計算式 |
|---|---|
| 原価 | 技術者のランク別の原価単価×作業時間の実績＋経費の実績（外部委託費，旅費など） |
| 売上 | プロジェクト売上総額（見直し後の総額）×プロジェクト進捗度<br>　プロジェクト進捗度は，原価比例法によって，<br>　"プロジェクト原価の実績額の累計÷見直し後の予定原価総額"<br>　として，毎月算出する。このうち，見直し後の予定原価総額は，作業時間の実績及びプロジェクト管理者の入力データに基づいて算出する。 |

(2) プロジェクト管理者は，バッチ処理完了後，プロジェクト損益管理サブシステムの画面から，プロジェクトの原価，売上及び損益を参照できる。プロジェクト原価の実績額の累計が当初の予定原価総額を超えた場合は，プロジェクト管理者及びプロジェクト責任者に対して，電子メールでアラームが自動送信される。電子メールを受信したプロジェクト管理者は，原価超過の理由と今後の対策内容について，プロジェクト責任者の承認を得て，業務部へ連絡する。


〔本調査の内容（抜粋）〕

システム監査人は，予備調査の結果を受けて，次に示す本調査を実施した。

1. プロジェクトマスタ管理

発注内示書に基づいて行われる仮発番には，業務上のリスクがあると考えた。そのリスクを低減するためのコントロールの適切性を確かめるために，作業実績管理サブシステムの機能一覧表を閲覧した。

2. 作業実績管理

(1) 予備調査の結果から，作業時間の正当性を確保するためのコントロールが不十分であると考え，補完的なコントロールの有無を確かめた。

(2) プロジェクトの作業時間の実績の信頼性を確保するためのコントロールを確認するために，作業実績管理サブシステムの機能一覧表を閲覧したところ，次の機能があった。

① プロジェクトメンバとして登録されていない者は，作業時間を入力できない。

② プロジェクトの開始日前及び終了日後には，作業時間を入力できない。

(3) 技術者による作業時間の誤入力以外にも，技術者が実際の作業時間どおり入力

しないリスクが考えられるので，そのリスクが顕在化しているかどうかを確認した。

3. プロジェクト損益管理

　システム監査人は，プロジェクト損益管理の状況を把握するために，プロジェクト一覧表を閲覧した。その結果，過去半年間のプロジェクト件数は56件であり，そのうち，プロジェクト責任者が，プロジェクトの終了直前まで損益の悪化を把握できなかったプロジェクトが8件あった。システム監査人は，このような問題を防止するために，現行システムに対する機能の改善を提言することにした。

---

**設問1**　〔本調査の内容（抜粋）〕1. について，(1)，(2) に答えよ。
　　　　(1) システム監査人が考えた業務上のリスクを，30字以内で述べよ。
　　　　(2) システム監査人が作業実績管理サブシステムの機能一覧表を閲覧して，確認したと考えられる機能を，30字以内で述べよ。
**設問2**　〔本調査の内容（抜粋）〕2. (1) で，システム監査人が，作業時間の正当性を確保するためのコントロールが不十分であると考えた理由を，35字以内で述べよ。
**設問3**　〔本調査の内容（抜粋）〕2. (3) について，(1)，(2) に答えよ。
　　　　(1) システム監査人が，技術者が実際の作業時間どおり入力しないリスクがあると考えた理由を，45字以内で述べよ。
　　　　(2) システム監査人が確認のために行った監査手続を，45字以内で述べよ。
**設問4**　〔本調査の内容（抜粋）〕3. で，システム監査人が提言すべきと考えられる機能を，35字以内で述べよ。

# 解答例・解説

## ●解答例（試験センター公表の解答例より）

設問1　(1) 顧客から正式な注文が得られず，損益が悪化するリスク（25字）
　　　　(2) 仮発番から2週間を過ぎると警告が表示される機能（23字）
設問2　プロジェクト管理者が入力された作業時間を承認していないから（29字）
設問3　(1) 業績評価を良くするため，プロジェクト管理者が作業時間を過少に入力させることがあるから（42字）
　　　　(2) 作業実績管理サブシステムの作業時間と勤怠管理システムでの実働時間を突合する（37字）
設問4　プロジェクト管理者の入力内容をプロジェクト責任者が承認する機能（31字）

## ●問題文の読み方
### (1) 全体構成の把握

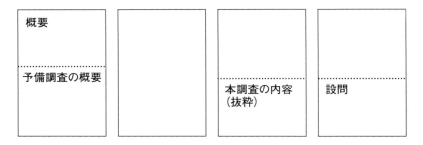

　最初に概要があり，続いて予備調査の概要が述べられており，解答のヒントの多くはここに書かれている。その後に，本調査の内容が書かれており，これが設問の内容を補足している。
　システム内容は問題文に詳しく書かれているが，解答のヒントが分かりにくいので，どのような観点から考えるか迷う設問が多く，少し難しく感じた方が多かったのではないかと思われる。

### (2) 問題点の整理
　すべての設問が，〔予備調査の概要〕，〔本調査の内容（抜粋）〕の各項目と関連しているので，設問とこれらの関連を整理することが，解答への第一歩になる。この関連を整理すると以下のようになる。

| 設問 | 本調査の内容 | 予備調査の概要 |
|---|---|---|
| 1 | 1 | 1. (3) |
| 2 | 2. (1) | 1. (1), (2), 2. (2) |
| 3 | 2. (3) | 1. (2), 2. (3) |
| 4 | 3 | 3. (1), (2) |

## (3) 設問のパターン

| 設問番号 | | 設問のパターン | 設問の型 | | |
|---|---|---|---|---|---|
| | | | パターンA | パターンB | パターンC |
| 設問1 | (1) | リスクの指摘 | | | ◎ |
| | (2) | コントロールの指摘 | | ◎ | |
| 設問2 | | コントロールの不備・根拠の指摘 | | ◎ | |
| 設問3 | (1) | リスクの指摘 | | ◎ | |
| | (2) | 監査手続の指摘・追加 | | ◎ | |
| 設問4 | | 指摘事項の提示 | | ◎ | |

※パターンA～Cについては，序章参照。


## ●設問別解説

設問1

### リスクの指摘・コントロールの指摘

前提知識

内部統制に関する基本的な知識

解説

　(1) は仮発番に関する業務上のリスクを答える設問である。〔**予備調査の概要**〕1.
(3) には，「顧客から正式な発注書を受領する前にプロジェクト作業に着手する必
要がある場合には，仮発番を行うことによって，作業に着手できる。」と書かれてお
り，正式受注をしないでも作業に入れることが分かる。しかし，この場合，もし正
式な発注書が得られないと，今までにやった作業はタダ働きになり，損益が悪化す
る可能性がある。解答としてはこのリスクを挙げればよい。

　(2) は，確認したと考えられる機能を答える設問である。確認の目的は，〔**本調査
の内容（抜粋）**〕1. に「そのリスクを低減するためのコントロールの適切性を確か
めるために，作業実績管理サブシステムの機能一覧表を閲覧した。」と書かれている
ことで分かるとおり，コントロールの適切性を確かめることである。それでは，こ
のコントロールが何かを最初に確認する必要がある。これは，〔**予備調査の概要**〕1.
(3) に書かれている「仮プロジェクト番号の有効期限は，仮プロジェクト番号発行

27

後2週間である。」と書かれている部分である。つまり，仮プロジェクト番号の有効
期限を2週間と決めることにより，正式発注が得られなかった場合の被害を最低限
にしようとしているのである。次にこのコントロールの適切性を確かめる必要があ
る。このコントロールが適切に働くためには，仮発番から2週間を過ぎると警告等
が表示される機能等がある必要がある，したがって，この機能の有無を作業実績管
理サブシステムの機能一覧にあるかどうかを確認すればよい。

【自己採点の基準】

　（1）は，顧客から正式な注文が得られないことと，それにより損益が悪化するこ
との両方が述べられている必要がある。後半は損失が発生することを述べてもよい。
　（2）は，仮発番から2週間過ぎると警告が表示される機能が述べられている必要
がある。

【設問2】
## コントロールの不備・根拠の指摘
【前提知識】
内部統制の基本的知識

【解説】

　作業時間の正当性を確保するためのコントロールが不十分であると考えた理由を
答える設問である。ここで考えなければいけないことは，このコントロールに責任
があるのは誰かということである。〔予備調査の概要〕1．（2）には，「プロジェク
トごとに，プロジェクト管理者が1名任命され，プロジェクトメンバへの指示，顧
客ごとの連絡・調整などを行う。」と書かれており，プロジェクトメンバへの指示は
プロジェクト管理者が行っていることが分かる。したがって，プロジェクトメンバ
の作業時間の管理を最も適切に行えるのはプロジェクト管理者であると考えられ
る。しかし，〔予備調査の概要〕2．（2）には，「技術者の所属部署の上長は，毎日，
技術者の入力内容を確認し，承認処理を行う。」と書かれており，承認を行っている
のがプロジェクト管理者ではなく，所属部署の上長であることが分かる。〔予備調査
の概要〕1．（1）に「プロジェクトの内容によって，複数部署の技術者がプロジェ
クトメンバとなる場合もある。」と書かれているように，プロジェクトには複数部署
のメンバが参加することもあるので，これからも所属部署の上長では作業時間の管
理が適切には行えないことが分かる。したがって解答としては，プロジェクト管理
者が入力された作業時間を承認していない点を挙げればよい。

**自己採点の基準**

プロジェクト管理者が入力された作業時間を承認していない点を挙げればよい。

## 設問3

### リスクの指摘・監査手続の指摘・追加

**前提知識**

内部統制の基本的知識

**解説**

（1）は，技術者が実際の作業時間どおりに入力しないリスクがあると考えた理由を答える設問である。〔**予備調査の概要**〕1．（2）には，「プロジェクトの売上・損益の規模，及び計画と実績との差異は，プロジェクト責任者及びプロジェクト管理者の業績評価の項目となっている。」という記述があり，プロジェクト管理者は作業時間を過少に入力させた方が自分の業績評価が良くなるので，プロジェクトメンバに作業時間を過少に入力させる可能性があると考えられる。

（2）は，システム監査人が確認のために行った監査手続を述べる設問である。ここで確認したいことは，作業時間を過少に入力していない点である。これを事後に確認する方法がないかを問題文から探すと，〔**予備調査の概要**〕2．（3）に，「技術者は，作業実績管理システムとは別に，就業規則に基づく実働時間を，勤怠管理システムに入力する。上長は，正しい実働時間を把握できるように，入退室管理システムによる在室時間を確認した上で，技術者の実働時間を承認する。」と書かれており，実働時間が勤怠管理システムに入力されており上長によるチェックも行われていることが分かる。したがって，作業実績管理サブシステムの作業時間と勤怠管理システムでの実働時間を突合すれば，過少入力の有無が確認できることが分かる。

**自己採点の基準**

（1）は，業績評価を良くするためにという記述と，プロジェクト管理者が作業時間を過少に入力させることの記述の両方が必要である。

（2）は，作業実績管理サブシステムの作業時間と勤怠管理システムでの実働時間を突合することが述べられていなければならない。

## 設問4

### 指摘事項の提示

**前提知識**

内部統制の基本的知識

**解説**

　システム監査人が提言すべきと考えられる機能を答える設問である。ここで問題となっているのは，〔**本調査の内容（抜粋）**〕3. の「プロジェクト責任者が，プロジェクトの終了直前まで損益の悪化を把握できなかったプロジェクトが8件あった。」という問題である。これをもっと早く発見するための提言を考えればよい。〔**予備調査の概要**〕3.（2）には，「プロジェクト原価の実績額の累計が当初の予定原価総額を超えた場合は，プロジェクト管理者及びプロジェクト責任者に対して，電子メールでアラームが自動送信される。」と書かれており，プロジェクト責任者にもアラームが挙がることになっているが，問題はこのアラームが挙がるのが，実際の原価実績が予定原価総額を超えた場合なので，プロジェクトの終了間近にならないとアラームが挙がらない点である。

　〔**予備調査の概要**〕3.（1）には，「また，プロジェクト管理者は，プロジェクトの状況を基に，プロジェクト売上総額を毎月見直して入力し，また，今後発生予定のプロジェクトメンバごとの作業時間及び経費を入力する。」と書かれており，プロジェクト管理者は今後発生する原価を入力していることが分かる。同様に表1の売上欄には「見直し後の予定原価総額」という表現もあり，最新の予定原価総額が把握できていることが分かる。したがって，プロジェクト責任者がこれらの数値をチェックできるようにすればよいことが分かる。したがって解答としては，プロジェクト管理者の入力内容をプロジェクト責任者が承認する機能を挙げればよい。

**自己採点の基準**

　プロジェクト管理者の入力内容をプロジェクト責任者が承認する機能を挙げていれば正解とする。また，見直し後の予定原価総額が当初予定原価総額を超えたらアラームを送信するという解答も正解とする。

# 午後Ⅰ問4

> **問** 販売プロセスに関するシステム監査について，次の記述を読んで，設問1〜5に答えよ。

X社は，生活雑貨用品メーカであり，販売先は量販店，卸業者である。X社では，受注から出荷，請求・債権管理に至る販売プロセスに関連する一連のシステムについて，監査部がシステム監査を行うことになった。

## 〔販売プロセスに関連するシステムの概要及びその環境〕

X社の販売プロセスは，複数のシステムの密接な連携によって処理されている。販売プロセスに関連するX社のシステムは，表1のとおりである。

### 表1 システム一覧

| システム名 | 概要 | システム管理部署（場所） |
|---|---|---|
| EDIシステム | 顧客との間で，受注，出荷実績及び請求情報を交換する。 | 本社システム部（横浜） |
| 受注システム | 顧客から注文を受け付け，注文情報を入力する。 | 受注センタ（大阪） |
| 販売システム | 売上データを管理し，顧客に請求情報を提供する。 | 本社システム部（横浜） |
| 会計システム | 売上債権管理及び会計処理を行う。 | 経理部（東京） |

表1に示す各システムは，導入時期も，ハードウェア，OSなどのインフラも異なっている。受注システムと会計システムの開発・保守に関しては，本社システム部は直接関与していない。また，システム管理規程，情報セキュリティ規程などの情報システムに関する管理規程・手順書は，概括的であり，利用者IDなどの申請フォームの記載もなく，パスワードの桁数などの具体的な数値も記載されていない。

## 〔販売プロセスの流れ〕

販売プロセスのシステム監査の現場責任者であるY氏は，予備調査によって販売プロセスの概要を次のように整理した。販売プロセスに関連するシステム間の情報・データの流れは，図1のとおりである。

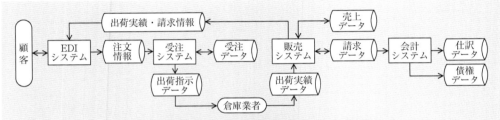

**図1　販売プロセスに関連するシステム概要**

(1) 各システムには，個別にアクセスコントロール機能が組み込まれている。利用者は，システムごとに申請を行い，適切な責任者の承認を受ける。各システムの管理部署は，申請に基づき，利用者IDの登録・削除を行う。

(2) ほとんどの顧客からの注文情報は，EDIシステムを経由して受信し，受注システムで受注データを生成する。しかし，EDIシステムを利用していない顧客及びEDIシステムで対応できない緊急注文に対しては，受注センタのオペレータが，ファックスで注文を受け付け，受注システムに注文情報を入力する。

(3) 受注データは，1日に3回バッチ処理し，出荷指示データとして倉庫に送信される。倉庫業務は，倉庫業者に外部委託している。倉庫業者は，倉庫で独自の倉庫システムを使用し，出荷指示データに基づいて，出荷作業を行っている。

(4) 倉庫業者から送信されてきた出荷実績データを1日に2回受信し，販売システムで売上単価情報に基づいて売上データが生成される。

(5) 顧客ごとに設定された請求締め日を基準とし，各請求締め日の翌日に，販売システムにおいて請求データが生成される。生成された請求データを基に，請求書が発行され，顧客にEDIシステム又はファックス・郵便で送られる。

(6) 会計システムでは，当日生成された請求データを取り込み，項目チェックを行った後に，債権データ及び仕訳データが生成される。項目チェックでエラーが検出されたトランザクションは，エラーリストに出力され，経理部で修正して，会計システムに入力される。

(7) 月次ベースでは，販売システムと会計システムの売上高は，一致していなければならない。そこで，経理部は，会計システムに計上されていない売上データについて，販売システムからEUCで月次リストを出力し，対応している。

〔監査実施計画書案〕

　Y氏は，予備調査の結果に基づいて，監査実施計画書案として，監査目的，監査範囲，監査担当者の割当て，監査要点及び監査手続を次のとおり策定した。

(1) 監査目的は，販売関連情報である売上データ，債権データ及び仕訳データの信頼

性の確認である。また，監査範囲は，表1のシステムを対象とする。

(2) システムごとにそれぞれ監査担当者を割り当て，各監査担当者はシステム管理部署に往査し，作業を実施する。また，作業終了日に，監査結果について被監査部署に十分な説明を行い，現場での作業を完了させる。

(3) 策定した監査要点及び監査手続の抜粋は，表2のとおりである。

表2　監査要点及び監査手続（抜粋）

| 監査要点 | | | 監査手続 | 対象システム |
|---|---|---|---|---|
| ① | アクセスコントロールが適切に導入され，有効に機能するよう運用されているか。 | a | 利用者IDのパスワードの桁数などが適切であるか，設定状況を確かめる。 | 全てのシステム |
| | | b | 利用者IDが適切に登録・削除されているか確かめる。 | 全てのシステム |
| | | C | 利用者IDに付与された権限が内部けん制に配慮して設定されているか確かめる。 | 全てのシステム |
| ② | 売上データは，正確かつ漏れなく生成されているか。 | a | 倉庫業者からの出荷実績データのインタフェース処理が正確に実行されているか，販売システムのバッチ処理の監視状況を確かめる。 | 販売システム |
| ③ | 債権データ及び仕訳データは，売上データと整合がとれているか。 | a | 請求データの会計システムへのインタフェース処理が正確に実行されているか，会計システムのバッチ処理の監視状況を確かめる。 | 会計システム |
| | | b | 月次リストが適切に作成されているか確かめる。 | 会計システム |

〔監査実施計画書案のレビュー〕

　監査部長は，監査実施計画書案をレビューし，次の事項に関してY氏に再検討を指示した。

(1) 監査手続①aの実施に当たっては，各監査担当者の事前の統一した理解が必要なので，監査担当者への詳細なガイダンスを作成すべきである。

(2) 監査手続①cの実施に当たっては，個々の監査担当者だけでは適切に評価できないおそれがあるので，各監査担当者が入手した情報を関連付けて総合的に判断する手続が必要である。

(3) 監査要点②を満足させるためには，倉庫業者が使用している独自の倉庫システムを監査対象に含めることを検討すべきである。倉庫システムの監査が不可能ならば，自社システムで信頼性を高めるための追加的なコントロール機能を導入できるかどうか，現場で検討すべきである。

(4) 監査要点③について，請求データの会計システムへのインタフェース処理が適切に運用されているか確かめるためには，監査手続③aだけでは不十分である。監査

手続を追加すべきである。

---

**設問1** 〔監査実施計画書案のレビュー〕の (1) について,各監査担当者の事前の統一した理解が必要な理由を,40字以内で述べよ。

**設問2** 〔監査実施計画書案のレビュー〕の (2) で指摘した,"適切に評価できない"理由を,40字以内で述べよ。

**設問3** 〔監査実施計画書案のレビュー〕の (3) について,"自社システムで信頼性を高めるための追加的なコントロール"として考えられる機能を,45字以内で述べよ。

**設問4** 〔監査実施計画書案のレビュー〕の (4) について,追加すべきであると指摘している監査手続を,40字以内で述べよ。

**設問5** 表2の監査手続③bの実施において,"月次リスト"に含まれていることを確かめるべき売上データを,35字以内で述べよ。

# 解答例・解説

## ●解答例（試験センター公表の解答例より）

設問1　規程は概括的で，担当者によって妥当性の判断に差異が生じる可能性がある
　　　　から（36字）

設問2　他システムの権限を含めて検討すると，職務分離が適切でない可能性がある
　　　　から（36字）

設問3　出荷実績データの正確性及び網羅性を保証するために，出荷指示データと
　　　　マッチングする。（41字）

設問4　出力されたエラーデータが，全て会計システムに入力されているか確かめる。
　　　　（35字）

設問5　月末において請求データが作成されていない当月の売上データ（28字）

## ●問題文の読み方

### （1）全体構成の把握

| 概要 | | 監査実施計画書案 | |
|---|---|---|---|
| 販売プロセスに関連するシステムの概要及びその環境 | | | 設問 |
| 販売プロセスの流れ | | 監査実施計画書案のレビュー | |

　最初に概要があり，続いて販売プロセスに関連するシステムの概要及びその環境と販売プロセスの流れが書かれており，この2つの段落でシステムやプロセスの流れが把握できる。

　続いて，監査実施計画書案とそのレビュー結果が述べられており，設問はこのレビュー結果に関連して出題されている。

### （2）問題点の整理

　ほとんどの設問が［監査実施計画書案のレビュー］の指摘事項と関連した出題になっており，その指摘事項は表2の監査要点と対応しているものが多い。また，その業務内容については，［販売プロセスの流れ］に書かれている。これらの対応関係を表にすると，以下のようになる。

| 設問 | 監査要点 | 販売プロセスの流れ |
|---|---|---|
| 1 | ①a | － |
| 2 | ①c | (1) ～ (5) |
| 3 | ② | (3)，(4) |
| 4 | ③a | (6) |
| 5 | ③b | (6)，(7) |

## （3）設問のパターン

| 設問番号 | 設問のパターン | 設問の型 | | |
|---|---|---|---|---|
| | | パターンA | パターンB | パターンC |
| 設問1 | 監査計画の問題点指摘 | | ◎ | |
| 設問2 | 監査計画の問題点指摘 | | ◎ | |
| 設問3 | コントロールの指摘 | | | ◎ |
| 設問4 | 監査手続の指摘・追加 | | | ◎ |
| 設問5 | 監査手続の指摘・追加 | | ◎ | |

## ●設問別解説

### 設問1

#### 監査計画の問題点指摘

前提知識

監査計画に関する基本知識

解説

　監査手続①aの実施に当たって，各監査担当者の事前の統一した理解が必要な理由を述べる設問である。最初に監査手続①aの内容を見ると，表2に「利用者IDのパスワードの桁数などが適切であるか，設定状況を確かめる。」と記述されており，パスワードの桁数などを調べることがわかる。パスワードの桁数に関する記述を問題文から探すと，［販売プロセスに関連するシステムの概要及びその環境］に，「また，システム管理規程，情報セキュリティ規程などの情報システムに関する管理規程・手順書は，概括的であり，利用者IDなどの申請フォームの記載もなく，パスワードの桁数などの具体的な数値も記載されていない。」と書かれている。このような状態で監査を行っても，担当者によって妥当性の判断がバラバラになってしまうことが予想される。したがって，解答としては，規程が概括的であることと，それによって担当者の判断に差異が生じる可能性がある点を指摘すればよい。

> 自己採点の基準

前半の規程が概括的である点と，後半の担当者の判断に差異が生じる可能性のある点の両方を挙げる必要がある。

## 設問2

### 監査計画の問題点指摘

> 前提知識

監査計画に関する基本知識

> 解説

　監査手続①cの実施に当たって，個々の監査担当者だけでは適切に評価できない理由を答える設問である。［監査実施計画書案のレビュー］には，「各監査担当者が入手した情報を関連付けて総合的に判断する手続が必要である。」と書かれており，各監査担当者の情報だけで判断してはいけないことがわかるので，その理由を考えればよい。［販売プロセスに関連するシステムの概要及びその環境］にも，「X社の販売プロセスは，複数のシステムの密接な連携によって処理されている。」という記述があり，このことを裏付けている。あとは，ヒントがないので，一般論で答えることになる。このように複数のシステムが密接に連携している場合には，複数のシステムの権限の組み合わせで内部けん制上問題が出てくる場合がある。例えば，受注の処理と請求の処理を一人の人が両方行えるとすると，架空の受注を入力し，商品を横流ししても，請求書が発行されずに不正の発覚が遅れるなどの危険性があることになる。解答としては，これらの危険性を一般的な表現にして，他システムの権限も含めて検討すると，職務分離が適切でない可能性があることを指摘すればよい。

> 自己採点の基準

　他システムとの連携を考慮すると，職務分離が適切でない可能性があることを指摘してあればよい。後半は，権限の組み合わせによって内部けん制が働かないリスクを指摘してもよいと思われる。

## 設問3

### コントロールの指摘

> 前提知識

コントロールに関する基本知識

## 解説

　倉庫業者が使用している独自の倉庫システムを監査対象に含めることが出来ない場合に，自社システムで信頼性を高めるための追加的なコントロールとして考えられる機能を答える設問である。

　コントロールの目的は，表2②の監査要点に対応するので，「売上データは，正確かつ漏れなく生成されているか。」と考えればよい。図1を見ると，倉庫業者からもらう出荷実績データに対して，何のチェックも行われておらず，正確性，網羅性のチェックが行われていないことがわかる。したがって，出荷実績データに関して，正確性，網羅性をチェックするコントロールを考えればよい。図1をさらに見ると，受注システムから出荷指示データが出力されて倉庫業者に渡されていることがわかるので，この出荷指示データと出荷実績データをマッチングすれば，出荷実績データの通りに正確かつ漏れなく売上データが生成されていることが確認できる。

## 自己採点の基準

　基本的には，出荷指示データと出荷実績データのマッチングが述べられていることが必要である。出荷指示データの代わりに受注データを使用してもよいと思われる。また，字数を考慮すると，前半の正確性，網羅性の保証という部分も記述すべきであろう。

## 設問4

# 監査手続の指摘・追加

## 前提知識

監査計画に関する基本知識

## 解説

　請求データの会計システムへのインタフェース処理が適切に運用されているか確かめるために追加すべき監査手続を答える設問である。表2③ a を見ると，「請求データの会計システムへのインタフェース処理が正確に実行されているか，会計システムのバッチ処理の監視状況を確かめる。」と記載されており，通常の処理に関しては適切な監査手続が計画されていることがわかる。しかし，〔販売プロセスの流れ〕の（6）には，「項目チェックでエラーが検出されたトランザクションは，エラーリストに出力され，経理部で修正して，会計システムに入力される。」と記載されており，このエラーになったデータがすべて会計システムに入力されていないと，債権データ及び仕訳データと売上データとの整合がとれないことがわかる。したがって，解答としては，出力されたエラーデータが，全て会計システムに入力されてい

るか確かめることを挙げればよい。

### 自己採点の基準

　出力されたエラーデータが，全て会計システムに入力されているか確かめること
が述べられていれば正解とする。

## 設問5
### 監査手続の指摘・追加

### 前提知識

監査計画に関する基本知識

### 解説

　"月次リスト"に含まれていることを確かめるべき売上データを答える設問であ
る。月次リストに関する記述を問題文から探すと，［販売プロセスの流れ］の（7）
に，「そこで，経理部は，会計システムに計上されていない売上データについて，販
売システムからEUCで月次リストを出力し，対応している。」という記述が見つか
り，月次リストは会計システムに計上されていない売上データを記載する必要があ
ることがわかる。図1及び［販売プロセスの流れ］の（6）を見ると，会計システム
への計上は請求データによって行われていることがわかるので，請求データが作成
されていないと会計システムでは売上が計上されないことがわかる。これらから，
会計システムに計上されていない売上データとは，月末において請求データが作成
されていない当月の売上データであることがわかる。

### 自己採点の基準

　月末において請求データが作成されていない当月の売上データと書かれていなけ
ればならない。会計システムに計上されていない売上データという記述は，その内
容が明瞭でないので，不正解とする。

# 午後Ⅱ問1

**問** システム運用業務の集約に関する監査について

　これまで，多くの組織では，アプリケーションシステムごとにサーバを設置し，その単位で個別にシステム運用業務を行ってきた。その場合，データのバックアップ，セキュリティパッチの適用，障害監視などの業務が，システムごとに異なる頻度・手順で行われることが多く，システム間で整合が取れていなかったり，本来共通化できるはずの業務が重複したりしていた。

　近年は，これらのシステム運用業務を集約する組織が増えてきている。例えば，仮想化技術を活用してサーバを統合する際に，併せてシステム運用業務を集約する場合などである。サーバの統合は，多くの組織にとってシステム資源の有効活用，省スペース，省電力などの直接的なメリットだけでなく，システム運用業務を見直す契機をもたらしている。

　システム運用業務を集約し，システム運用手順を標準化することによって，業務の品質改善・効率向上に取り組みやすくなる。さらに，運用要員の削減などによってコストを適正化することも可能になる。ただし，業務手順の見直し方法に問題があったり，過度に集約し過ぎたりすると，必要な手順が漏れたり，特定要員に負荷が集中したりするなどの懸念もある。

　システム監査人は，このような点を踏まえ，システム運用業務の集約によって期待していた効果が得られているかなど，システム運用業務の集約の適切性を評価する必要がある。

　あなたの経験と考えに基づいて，設問ア～ウに従って論述せよ。

-----

**設問ア** あなたが関係する組織で実施又は検討されているシステム運用業務の集約に関する概要を，集約前と集約後の違いを踏まえて，800字以内で述べよ。

**設問イ** 設問アに関連して，システム運用業務を集約する場合の留意点について，システム運用手順，システム運用体制などの観点を踏まえて，700字以上1,400字以内で具体的に述べよ。

**設問ウ** 設問イに関連して，システム運用業務の集約の適切性を監査するための手続を，700字以上1,400字以内で具体的に述べよ。

# 解説

## ●段落構成

```
1.  システム運用業務の集約の概要
    1.1  現行システムの問題点
    1.2  システム運用業務の集約の内容
2.  システム運用業務を集約する場合の留意点
    2.1  システム運用手順に関する留意点
    2.2  運用体制に関する留意点
3.  システム運用業務の集約の適切性に関する監査手続
    3.1  システム運用手順に関する監査手続
    3.2  運用体制に関する監査手続
```

午後Ⅰ

午後Ⅱ　問1

## ●問題文の読み方と構成の組み立て

### （1）問題文の意図と取り組み方

　過去にも出題されたことのある運用業務に関する出題であるが，運用業務の集約がテーマになっている点が特徴であった。最近は，仮想化技術の進展に伴いサーバの集約化が進んでいるので，これらの経験がある人にとっては，それほど難しいテーマではなかったと思われる。

　問題の構成としては，設問イでシステム運用業務を集約する場合の留意点について述べ，設問ウでシステム運用業務の集約の適切性を監査するための監査手続を述べる必要がある。

### （2）全体構成を組み立てる

　**設問ア**では，システム運用業務の集約に関する概要を，集約前と集約後の違いを踏まえて述べる必要がある。集約の具体的な手段として，問題文には仮想化技術を活用したサーバの統合が述べられているが，これ以外にもホスト・コンピュータやＵＮＩＸサーバなどをパソコン・サーバに統合する事例などを述べてもよい。

　**設問イ**では，システム運用業務を集約する場合の留意点を，システム運用手順，システム運用体制などの観点を踏まえて書く必要がある。問題文には，「ただし，業務手順の見直し方法に問題があったり，過度に集約し過ぎたりすると，必要な手順が漏れたり，特定要員に負荷が集中したりするなど懸念もある。」と留意点のヒントが書かれているが，内容が抽象的なので，具体的な内容は自分で考える必要がある。システム運用手順や運用体制という観点も盛り込んで，具体的な留意点を述べてい

41

く必要がある。具体的には，以下のような留意点が考えられる。

表1　観点別留意点

| 観点 | 留意点 |
|---|---|
| ① システム運用手順 | ・業務手順の見直しが適切でなく，システム運用が混乱する。<br>・業務を過度に集中したために，必要な手順が漏れてしまう。 |
| ② 運用体制 | ・特定の要員に負荷が集中し，必要な作業が適切に行えない。<br>・役割分担をうまく変更できていないために，集約の効果が出ていない。 |

　**設問ウ**は，システム運用業務の集約の適切性を監査する場合の監査手続について述べる必要がある。どのような観点から監査を行うかについては，いろいろな考え方があるが，一つの考え方として，事前の検討が十分に行われていることと，現在の運用が適切に行われていること，及び結果として集約によって期待していた効果が得られているかどうかをチェックすることの3つの観点で分けることが挙げられる。
　この3つの観点からチェックすべき監査要点の例を挙げると，以下のようになる。

表2　観点別監査要点

| 観点 | 監査要点 |
|---|---|
| ① 事前の検討が十分に<br>　行われていること | ・事前の検討会議等で十分な検討が行われているか。<br>・計画段階で統合化の効果の目標が定量的に定められている。 |
| ② 現在の運用が適切に<br>　行われていること | ・システム運用手順が適切に定まっている。<br>・システム運用手順通りに運用されているか。<br>・運用体制は適切か。 |
| ③ 結果として集約によって<br>　期待していた効果が得られていること | ・計画時に定められた統合化の効果の目標が実際に実現できているか。 |

## ●論文設計テンプレート

1. **システム運用業務の集約の概要**
   1.1 **現行システムの問題点**
   ・医療機器を販売している商社の基幹業務システムの見直し
   ・利用するハードウェア・プラットフォームがバラバラな状態で，運用業務を，それぞれのプラットフォームごとに行う必要があり効率が悪かった。
   1.2 **システム運用業務の集約の内容**
   ・サーバをパソコン・サーバに統一
   ・シンクライアントを採用し，各クライアントへのアプリケーションソフトの導入作業が必要ないようにした。

2. システム運用業務を集約する場合の留意点

  2.1 システム運用手順に関する留意点

- 共通化できる部分をまとめ，自動化できる部分は出来る限り人手を介さないようにした。
- 日常運用業務に関しては，処理を自動化したが，内部けん制の脆弱化が発生しないようにする必要がある。
- バックアップ処理は統合して自動化したが，バックアップ時間が長くならないか検討が必要である。
- セキュリティパッチは，全て自動化して良いか検討が必要である。
- 障害監視については，必要なアラームが上がらなかったり，逆にアラームが上がりすぎるなどの弊害がないか検討が必要である。

  2.2 運用体制に関する留意点

- 運用担当者への教育を行う必要がある。
- 各要員の役割分担は負荷を予想して見直したが，一定期間経過後に見直す必要がある。

3. システム運用業務の集約の適切性に関する監査手続

  3.1 システム運用手順に関する監査手続

- 日常業務の内部けん制の脆弱化が発生していないことを確認する監査手続
- バックアップ処理が適切に行われていることを確認する監査手続
- セキュリティパッチの適用方針が適切であることを確認する監査手続
- 障害監視のアラームが適切に上がっていることを確認する監査手続

  3.2 運用体制に関する監査手続

- 運用メンバーへの教育が適切に行われていることを確認する監査手続
- 運用担当者の役割分担が適切に行われていることを確認する監査手続

## 1．システム運用業務の集約の概要

### 1．1　現行システムの問題点

　A社は，医療用機器を販売している商社である。A社では，従来ホスト・コンピュータやUNIXサーバで稼動していた基幹業務システムを全面的に見直し，パソコン・サーバを使用したシステムに全面的に変更することになった。A社では，会計システム，販売管理システムおよび機械保守システムなどのシステムがばらばらに導入されてきた。その導入時期の違いや，利用するパッケージの稼働環境の違いなどによって，利用するハードウェア・プラットフォームもバラバラな状態であった。このために，データのバックアップ，セキュリティパッチの適用，障害監視などの業務を，それぞれのプラットフォームごとに行う必要があり，運用業務の効率が悪く，交代や休日取得を考慮すると運用要員が8名必要な状態であった。

> 人数を入れることでリアリティを出している。

### 1．2　システム運用業務の集約の内容

　A社では，これらの問題を解決するために，会計システム及び販売管理システムを全面的に更改し，パソコン・サーバで稼働するERPパッケージに変更することとした。機械保守システムは，自社開発でUNIX・サーバで稼働していたので，プログラムを一部改修して，パソコン・サーバで稼働できるようにした。

　パソコン・サーバとしては，ブレード・サーバと仮想化技術を採用して，各システムに必要な能力に応じて，サーバの台数を柔軟に増やせるようにした。また，同時にシンクライアントを採用し，各クライアントへのアプリケーションソフトの導入作業が必要ないようにした。

　これにより，運用業務は大幅に効率化し，要員も2人減らすことが出来た。また，ホスト・コンピュータ，UNIXサーバをパソコン・サーバに変更することにより，ハードウェア・コストも約半分に減らすことが出来た。

## 2．システム運用業務を集約する場合の留意点

### 2．1　システム運用手順に関する留意点 ●╴╴╴╴╴╴

> 設問に沿って，システム運用手順とシステム運用体制に分けて記述している。

　従来の運用手順をそのまま新システムに持ち込んだのでは，サーバを集約してもシステム運用業務を効率化することは出来ない。各システムで行っていた業務を根本的に見直し，共通化できる部分をまとめ，自動化できる部分は出来る限り人手を介さないようにする必要がある。

　まず，日常運用業務に関しては，ERPパッケージの導入に伴い，従来人手で行っていた月次のバッチ処理や販売管理システムから会計システムへのデータ連携などを自動化することとした。しかし，これらの処理を自動化することにより，販売管理システムの不正確なデータが会計システムにそのまま取り込まれてしまう可能性があることや，人間によるチェックがなくなることによる内部けん制の脆弱化などの問題が発生する可能性があるので，これらのリスクに対して十分な対策が取られているかどうかをチェックすることが重要である。

　バックアップ処理は，●╴╴従来，システムごとに別の媒体

> 問題文の記述に合わせて，バックアップ，セキュリティパッチ，障害監視に分けて記述している。

に行っていたが，統合後は全システムまとめてバックアップを行うこととし，その処理も自動化することとした。しかし，それによりバックアップ時間が長くなることが予想されるので，全体の運用スケジュールを照らし合わせた上で，本当に全体のバックアップを集約して良いのか，一部分散化してバックアップをとるのが良いのかを検討する必要がある。

　セキュリティパッチについても，すべてのサーバがパソコン・サーバに統一できたので，一元的に行うことが可能となった。ただし，パソコン・サーバのセキュリティパッチは，ホスト・コンピュータやUNIXサーバと比較すると頻度が高く，これを人手で行っているとかえって手間がかかることになるので，このセキュリティパッチも自動化することとした。しかし，これにより，問題の

あるパッチが適用され，今まで稼働していた処理にトラブルが発生する可能性も否定できないので，ERP パッケージのベンダーとも相談した上で，事前のセキュリティパッチの検証や重要度に応じた適用などの必要性を検証することが重要である。

障害監視についても一元化と同時に自動監視ツールを導入して，出来る限り自動化することにした。しかし，これらのツールも設定を適切にしないと，必要なアラームが上がらなかったり，逆にアラームが上がりすぎるなどの弊害が予想されるので，過去のトラブル事例なども参照して，適切な設定になっているか検証する必要がある。

### ２．２　運用体制に関する留意点

上記のシステム運用手順の効率化を行ったことにより，システム運用業務に携わる要員を２人減らせる予定であるが，従来は各システムごとに担当者が決まっていたために，他のシステムの運用には慣れていない要員もいた。そこで，事前に教育を十分に行う必要があった。

統合後の各運用要員の役割分担は，統合後の各運用業務の負荷を予想して見直した。しかし，運用業務の負荷は事前の予想と実際にやってみた結果は異なることも予想されたので，稼働後一定期間経過後に再度，役割分担を見直す必要がある。また，ここまでに各運用業務の問題点や改善点を出してもらい，それらの改善も同時に行っていく必要がある。

> 問題文の記述を考慮して，役割分担の適切性について触れている。

### ３．システム運用業務の集約の適切性に関する監査手続

#### ３．１　システム運用手順に関する監査手続

> 設問イに対応させて，システム運用手順とシステム運用体制に分けて記述している。

日常運用業務に関しては，内部けん制の脆弱化が発生していないかどうかを確認する必要がある。このために，現行行われている内部けん制の内容を文書とインタビューにより洗い出し，これと新システムでとられている内部けん制の仕組みを仕様書と運用仕様書から洗い出して比較して，内部けん制の脆弱化が発生していないか確認

> 記載の分類も設問イと合わせて，対応関係が明確になるようにしている。

した。

バックアップ処理に関しては，新システムの運用計画書を確認して，バックアップが朝の稼働開始前に終わることを確認した。また，そのバックアップ時間の算定が正しいことを担当者にインタビューして確認した。

セキュリティパッチに関しては，新システムの運用計画書を確認して，セキュリティパッチの適用方針が記載されていることを確認した。また，その適用方針を決めるに際して，十分な検討がされていることを，運用計画立案会議の議事録と担当者へのインタビューで確認した。

障害監視に関しては，障害監視システムから上がっているアラートと，個々のネットワークログやハードウェアの障害ログをサンプリングして突合せ，適切な障害に関して，過不足なくアラームが上がっていることを確認した。この作業については，ネットワーク・スペシャリストとハードウェアの保守担当者の意見も参考にした。

3．2　運用体制に関する監査手続

運用体制については，まず運用メンバーに対する教育が適切に行われていることを研修報告書を閲覧して確認した。また，その内容が適切で，運用が問題なく行われていることを，運用担当者にインタビューして確認した。

運用担当者の役割分担については，オペレーション記録を確認して，予定時間を大幅に超過している業務がないか確認した。また，超過している業務については，適切な見直しが行われていることを，運用業務改善の会議の議事録と，運用業務改善計画書を参照して確認した。

> 決定内容に関して，十分に検討されていることまで確認して，システム監査技術者らしいところをアピールしている。

# 午後Ⅱ問2

**問** 要件定義の適切性に関するシステム監査について

　システムを正常に稼働させ，期待どおりの効果を得るためには，システム開発において，業務機能を対象とする機能要件と，性能，セキュリティなどの非機能要件を適切に定義し，システムに組み込むことが必要である。適切な要件定義が行われなかったり，要件が適切にシステムに組み込まれなかったりすると，プロジェクトの失敗及びトラブルが生じる可能性が高くなる。

　要件定義を適切に行うためには，システム開発のプロジェクト体制及び開発手法に合わせた要件定義の役割分担，方法，文書化などが必要となる。例えば，システム開発を外部に委託するプロジェクト体制では，要件定義におけるシステム部門と利用部門との役割分担だけでなく，外部委託先との役割分担も明確にしておかなければならない。また，ウォータフォール型の開発手法を用いる場合と，プロトタイピング手法を用いる場合とでは，要件定義の方法，作成すべき文書などが異なってくる。

　システム監査人は，システム開発のプロジェクトの失敗及びトラブルを防止するために，システム開発のプロジェクト体制及び開発手法を踏まえた上で，要件定義の役割分担，方法，文書化状況などが適切かどうかを確認する必要がある。また，要件定義の適切性を監査するための手続は，要件定義工程だけでなく，システム開発の企画，プロジェクト体制の決定，設計，テストの各工程においても実施する必要がある。

　あなたの経験と考えに基づいて，設問ア～ウに従って論述せよ。

---

**設問ア**　あなたが関係したシステム開発の概要について，システム開発のプロジェクト体制及び開発手法，並びに要件定義の役割分担，方法，文書化状況などを含め，800字以内で述べよ。

**設問イ**　設問アのシステム開発において，適切な要件定義が行われなかったり，要件が適切にシステムに組み込まれなかったりした場合に，生じる可能性のあるプロジェクトの失敗及びトラブルについて，その原因を含めて700字以上1,400字以内で具体的に述べよ。

**設問ウ**　設問イに関連して，要件定義の適切性について監査を実施する場合，システム開発の企画，プロジェクト体制の決定，要件定義，設計，テストの五つの工程でそれぞれ実施すべき監査手続を700字以上1,400字以内で具体的に述べよ。

# 解説

## ●段落構成

```
1.  システム開発の概要と体制及び方法等
    1.1  システム開発の概要とプロジェクト体制
    1.2  実施方法
2.  不適切な要件定義による失敗及びトラブル
    2.1  要件定義の体制と役割分担
    2.2  要件定義の方法
    2.3  要件定義の文書化状況
3.  要件定義の適切性に関する監査
    3.1  システム開発の企画の監査
    3.2  プロジェクト体制の決定
    3.3  要件定義
    3.4  設計
    3.5  テスト
```

## ●問題文の読み方と構成の組み立て

### (1) 問題文の意図と取り組み方

　要件定義に関しての出題は初めてであった。しかし，多くの方が要件定義に関しては何らかの形で携わっていると思われるので，それほど書きにくいテーマではなかったと思われる。最近は，要件定義に起因するトラブルが増えており，要件定義の重要性が改めて認識されるようになってきているので，それを反映した問題になっている。この要件定義に関してどのような点に留意する必要があるかどうかを適切に把握していることが，合格論文を書くためのポイントとなる。

　問題の構成としては，設問イで適切な要件定義が行われなかった場合に生じる可能性がある失敗やトラブルについて述べ，設問ウで要件定義の適切性に関する監査を行う場合の監査手続について述べる必要がある。

### (2) 全体構成を組み立てる

　設問アでは，システム開発の概要を，システム開発のプロジェクト体制及び開発手法，並びに要件定義の役割分担，方法，文書化の状況なども含めて述べる必要が

ある。内容的には難しい点は何もないが，述べなくてはいけない項目が多いので，要領よく簡潔に述べる必要がある。

　**設問イ**では，適切な要件定義が行われなかったり，要件が適切にシステムに組み込まれなかったりした場合に，生じる可能性のあるプロジェクトの失敗及びトラブルについて述べる必要がある。解答の切り口はいろいろ考えられるが，問題文の冒頭に機能要件と非機能要件の両方について述べられているので，この2つの観点は含めて書いた方が良いであろう。また，問題文には「システム監査人は，システム開発のプロジェクトの失敗及びトラブルを防止するために，システム開発のプロジェクト体制及び開発手法を踏まえた上で，要件定義の役割分担，方法，文書化状況などが適切かどうかを確認する必要がある。」と書かれているので，これを踏まえて以下の3つの観点で述べるのも1つの方法になる。
①要件定義の体制と役割分担
②要件定義の方法
③要件定義の文書化状況

　これらの3つの観点，それぞれについて気を付けなければならない留意点をまとめると，以下のようになる。

表1　観点別留意点

| 観点 | 留意点 |
|---|---|
| ③ 要件定義の体制と役割分担 | ・利用部門を巻き込んだ体制になっているか<br>・要件定義プロジェクトのリーダのふさわしい資質を備えているか |
| ④ 要件定義の方法 | ・適切な要件定義の方法が採択されているか<br>ー要件の確定度が高い場合にはウォータフォール型の開発が向いている。<br>ー要件が曖昧でプロジェクトがある程度進んでみないと要件が完全に確定しないような場合は，アジャイル型の開発やプロトタイピングを多用した開発手法が求められる。 |
| ⑤ 要件定義の文書化状況 | ・必要な文書化が行われているか<br>・書かれた要件の内容が曖昧で抽象的な表現であったり，要件間に矛盾があり一貫性がなかったりすることはないか |

　**設問ウ**は，要件定義の適切性について監査を実施する場合の監査手続について述べる必要がある。問題文で，システム開発の企画，プロジェクト体制の決定，要件定義，設計，テストの五つの工程に分けて述べることが求められているので，これらの5つの工程について要領よく述べていくことが求められる。

　各工程に関して，チェックすべき監査要点の例を挙げると，以下のようになる。

50

表2　工程別監査要点

| 観点 | 留意点 |
|---|---|
| ④ システム開発の企画 | ・システム開発の目的が明確に定まっており，それが経営戦略などの経営方針と整合性が取れている。<br>・その内容がプロジェクト・メンバーに的確に伝わっている。 |
| ⑤ プロジェクト体制の決定 | ・ユーザがプロジェクトに適切に参画している。<br>・プロジェクト・リーダとして適切な人材が任命されている。 |
| ⑥ 要件定義 | ・要件定義のレビューが適切に行われ，一定の品質が確保されている。 |
| ⑦ 設計 | ・要件定義の通りに，漏れなく設計が行われている。 |
| ⑧ テスト | ・要件定義の内容が漏れなくテストされ，当初のシステム化目的が達成できている。 |

## ●論文設計テンプレート

1. システム開発の概要と体制及び方法等

　1.1 システム開発の概要とプロジェクト体制

　　・A社では，経営管理システムを全面的に更改することになった。

　　・新システムの目的

　　　（1）事業別・商品別の経営指標などを月次で迅速に把握し，経営判断に役立てる。

　　　（2）BIツールを使用して，システムを開発しなくても必要な分析や情報入手が行える。

　　・要件定義書の具体的なドキュメント作成作業は，システム開発部から選出された3人のメンバーが行う。

　1.2 実施方法

　　・開発りん議書を確認し，今回のシステムの開発目的，主要機能，開発概算予算，想定されるシステム化効果などを確認した。

　　・システム開発部のメンバーが文書化し，その内容をプロジェクトの全体会議で，各メンバーが承認する。

2. 不適切な要件定義による失敗及びトラブル

　2.1 要件定義の体制と役割分担

　　・ユーザの参画が不十分であると，ユーザのニーズと合っていないシステムを構築してしまうことになる。

　　・要件定義プロジェクトのリーダとして，適切な人材が任命されない。

　2.2 要件定義の方法

　　・経営戦略などの上位の要件と，具体的なシステムに対する要件との整合性が取れなくなってしまう。

・機能要件と非機能要件の両方を定義する。

2.3 要件定義の文書化状況

・必要に応じて，図や表などを使って要件を定義する。

・適切なタイミングで要件文書のレビューが行われる。

3. 要件定義の適切性に関する監査

3.1 システム開発の企画の監査

・システム開発の目的が明確に定まっており，それが経営戦略などの経営方針と整合性が取れていることを確認する。

・その内容がプロジェクト・メンバーに的確に伝わっている必要がある。

3.2 プロジェクト体制の決定

・ユーザがプロジェクトに適切に参画している。

・プロジェクト・リーダとして適切な人材が任命されている。

3.3 要件定義

・要件定義のレビューが適切に行われ，一定の品質が確保されている。

3.4 設計

・要件定義の通りに，漏れなく設計が行われている。

3.5 テスト

・要件定義の内容が漏れなくテストされ，当初のシステム化目的が達成できている。

## 1．システム開発の概要と体制及び方法等

### 1．1　システム開発の概要とプロジェクト体制

　Ａ社では，経営管理システムを全面的に更改することになり，システム開発部のＢさんがプロジェクト・リーダとしてアサインされ，要件定義作業を主導することとなった。このプロジェクトには，各関連部門の代表者にも参画してもらい，全社的にプロジェクトを進めることとなった。

　経営管理システム更改の目的は，以下の２つである。

(1) 事業別・商品別の経営指標などを月次で迅速に把握し，経営判断に役立てる。

(2) ＢＩツールを使用することにより，システム開発を行わなくても，各部門で必要な分析や情報入手が行えるようにする。

　要件定義書の具体的なドキュメント作成作業は，システム開発部から選出された３人のメンバーが行い，各関連部門の代表者には，要件洗い出しの会議において部門を代表して要望や意見を言ってもらうこととした。会議を効率的に進めるために，この各部門の代表者には部門の意見を取りまとめられるマネージャークラスの人間を選出してもらった。

### 1．2　実施方法

　最初に開発りん議書を確認し，今回のシステムの開発目的，主要機能，開発概算予算，想定されるシステム化効果などを確認した。次に，各部門の要望をヒアリングし，月次で作成する帳票のイメージを固めていった。また，同時にいくつかのＢＩツールのデモを行い，ＢＩツールに求められる機能と，用意すべきテンプレートのイメージを固めていった。

　この内容は，システム開発部のメンバーが文書化し，その内容をプロジェクトの全体会議で，各メンバーが承認する形をとった。

## 2．不適切な要件定義による失敗及びトラブル

### 2．1　要件定義の体制と役割分担

> 問題文に沿って，３つの観点に分類して述べている。

　要件定義の体制で，最もトラブルの原因となることが多いのが，ユーザの参画が不十分であることである。ユーザの参画が不十分であると，必要な要件が洗い出されずに，ユーザのニーズと合っていないシステムを構築してしまうことになる。

> どのようなトラブルになるか，具体的に記述している。

　次にトラブルの原因として多いのが，要件定義プロジェクトのリーダとして，適切な人材が任命されないことである。要件定義は，利害が異なるいろいろな人たちが絡んでくるので，これらの利害の対立を適切に調整できないと，対立が解けずに各関係者が納得する要件を定義できなかったり，実際にシステムが稼働した時にいろいろな不満が出てしまうことになる。これを防ぐためには，これらの利害を適切に調整できる優れたリーダが任命されている必要がある。

### 2．2　要件定義の方法

　要件定義の方法も要件定義を成功させるために非常に重要である。要件定義の失敗で非常に多いのが，経営戦略などの上位の要件と，具体的なシステムに対する要件との整合性が取れなくなってしまうことである。こうなると，現場の要求は満たしているが，経営者の要求は満たさないことになり，経営目的を達成することが出来ないことになる。要件定義の要求は，経営戦略などに基づいて経営トップから出てくるトップダウンの要求と，システムを利用する現場のユーザから出てくるボトムアップの要求の両方があり，この両者のバランスをうまくとる必要がある。これらのことを理解せずに，現場の意見だけで要件定義をまとめてしまい失敗することが非常に多い。

　また，機能要件と非機能要件の両方を定義することも非常に重要である。機能要件に比較して，非機能要件の

> 問題文に沿って，非機能要件についても触れている。

定義は軽視されることが多い。しかし，非機能要件の定義がいい加減だと，稼働後に性能が出なかったり，セキュリティ要件を満たさずにハッカー等の被害が出てしまうなどの事態が想定される。

### 2．3　要件定義の文書化状況

　いくら要件が適切に洗い出されても，それを適切に文書化できていないと，後工程に要件が適切に伝わらずに，要件通りのシステムが構築できないことになる。文書化で大事なことは，文字だけでなく必要に応じて，図や表などを使って要件を定義することである。これらを行っていないと，後工程での要件の解釈が当初の要求と異なってしまい，要件通りにシステムが構築出来ないことになる。

　次に重要なことは，文書化された要件について，適切な品質管理が行われていることである。具体的には，適切なタイミングで要件文書のレビューが行われ，曖昧な要件，矛盾した要件，経営戦略や方針と合っていない要件が排除されていないといけない。これが適切に行われていないと，正確かつ適切な要求が後工程に伝わらないことになる。

## 3．要件定義の適切性に関する監査

### 3．1　システム開発の企画の監査

　システム開発の企画の監査においては，システム開発の目的が明確に定まっており，それが経営戦略などの経営方針と整合性が取れていることを確認する必要がある。これを確認するためには，開発りん議書やプロジェクト憲章などの要件定義文書の上位文書を閲覧してその内容が経営戦略や経営方針と合致していることを確認する必要がある。また，その内容がプロジェクト・メンバーに的確に伝わっている必要があるので，その伝達状況をキックオフ・ミーティングの議事録の確認や，メンバーへのインタビューを行って，確認する必要がある。

> 設問の指定に従って，フェーズ別に記載している。

> 設問イの内容と整合させている。

３．２　プロジェクト体制の決定

　プロジェクト体制で重要なことは，ユーザがプロジェクトに適切に参画していることである。これを確認するためには，最初にプロジェクト・メンバーの妥当性を確認する必要がある。メンバーは，各部門の利害を代表できるマネージャークラスの人間である必要があるので，プロジェクト・メンバー表を確認して，ふさわしい立場の人かどうかを確認する。

　次に，そのメンバーが本当にプロジェクトに参加していなければならない。要件を確認するための会議の議事録を閲覧して，必要なメンバーが参加していることを確認する。また，各メンバーにインタビューして，参画意識が高いことを確認する。

　次に，プロジェクト・リーダとして適切な人材が任命されていることを，リーダの経歴書やインタビューにより確認する。

３．３　要件定義

　要件定義で重要なことは，要件定義のレビューが適切に行われ，一定の品質が確保されていることである。これを確認するために，レビュー議事録やその際の指摘事項を確認して，適切なレビューが行われていることを確認する。また，要件文書を閲覧して，図や表などを使って，後工程で解釈の違いが出ないような適切な要件定義になっていることや，機能要件だけでなく非機能要件も定義されていることを確認する。

３．４　設計

　設計フェーズで要件定義と絡んで重要なことは，要件定義の通りに，漏れなく設計が行われていることである。これを確認するために，設計書と要件文書の対応表が作成されていることや，設計レビューにおいて要件文書の整合性チェックが行われていることを，レビュー議事録やその際の指摘事項で確認する。

## 3.5　テスト

　テスト・フェーズで要件定義と絡んで重要なことは，要件定義の内容が漏れなくテストされ，当初のシステム化目的が達成できていることである。これを確認するために，要件文書とテスト仕様書を突合して，漏れなくテストが行われていることを確認する。また，当初のシステム化目的が達成できていることを，実際に操作を行ったり，ユーザにインタビューして確認する。

# 午後Ⅰ問3

**問** ソフトウェアパッケージを利用した基幹系システムの再構築の監査について

　企業など（以下，ユーザ企業という）では，購買，製造，販売，財務などの基幹業務に関わるシステム（以下，基幹系システムという）の再構築に当たって，ソフトウェアパッケージ（以下，パッケージという）を利用することがある。パッケージには，通常，標準化された業務プロセス，関連する規制などに対応したシステム機能が用意されているので，短期間で再構築できる上に，コストを削減することもできる。

　その一方で，ユーザ企業の業務には固有の業務処理，例外処理があることから，パッケージに用意されている機能だけでは対応できないことが多い。このような場合，業務の一部を見直したり，パッケージベンダ又はSIベンダ（以下，ベンダ企業という）が機能を追加開発したりすることになる。しかし，追加開発が多くなると，コストの増加，稼働開始時期の遅れだけではなく，パッケージのバージョンアップ時に追加開発部分の対応が個別に必要になるなどのおそれがある。

　これらの問題に対するユーザ企業の重要な取組みは，パッケージの機能が業務処理要件などをどの程度満たしているか，ベンダ企業と協力して検証することである。また，追加開発部分も含めたシステムの運用・保守性などにも配慮して再構築する必要がある。

　システム監査人は，このような点を踏まえて，パッケージを利用した基幹系システムの再構築におけるプロジェクト体制，パッケージ選定，契約，追加開発，運用・保守設計，テストなどが適切かどうか確かめる必要がある。

　あなたの経験と考えに基づいて，設問ア～ウに従って論述せよ。

---

**設問ア** あなたが関係した基幹系システムの概要と，パッケージを利用して当該システムを再構築するメリット及びプロジェクト体制について，800字以内で述べよ。

**設問イ** 設問アで述べた基幹系システムを再構築する際に，パッケージを利用することでどのようなリスクが想定されるか。700字以上1,400字以内で具体的に述べよ。

**設問ウ** 設問イで述べたリスクを踏まえて，パッケージを利用した基幹系システムの再構築の適切性を監査する場合，どのような監査手続が必要か。プロジェクト体制，パッケージ選定，契約，追加開発，運用・保守設計，テストの六つの観点から，700字以上1,400字以内で具体的に述べよ。

# 解説

## ●段落構成

```
1.  基幹系システムの概要とパッケージを利用した再構築のメリット及びプロジェ
    クト体制
    1.1  基幹系システムの概要（300字）
    1.2  パッケージを利用した再構築のメリット及びプロジェクト体制（500字）
2.  パッケージ利用によるリスク
    2.1  コントロール低下の可能性
        2.1.1  データ入力のワンタイム化（450字）
        2.1.2  データ入力のリアルタイム化（300字）
    2.2  業務との不整合（325字）
3.  必要な監査手続
    3.1  プロジェクト体制，追加開発（475字）
    3.2  パッケージ選定，契約（400字）
    3.3  運用・保守設計，テスト（450字）
```

## ●問題文の読み方と構成の組み立て

### （1）問題文の意図と取り組み方

　ソフトウェアパッケージの監査に関する問題で，平成15年以来の久々の出題となるテーマであった。しかし，最近はパッケージを利用したシステム導入が増えており，多くの人が何らかの関わりをもったことがあると思われるので，決して書きにくいテーマではなかったと思われる。

　問題の構成としては，**設問イ**でリスクを述べ，**設問ウ**で監査手続を述べる一般的な構成になっている。**設問イ**で述べたリスクの観点と対応させて**設問ウ**の監査手続を述べていくことが重要である。この際に注意が必要なことは，**設問ウ**で六つの観点から述べるという指定があるので，**設問イ**を書くときからこの六つの観点を意識して盛り込んでおくことである。これにより，**設問イ**と**設問ウ**のつながりがよくなり，一貫性のある論文にすることができる。

### （2）全体構成を組み立てる

　**設問ア**では，あなたが関係した基幹系システムの概要と，パッケージを利用して当該システムを再構築するメリット及びプロジェクト体制について述べる必要がある。前半の基幹系システムの概要については，**設問ア**で最もよく出題される内容の

一つなので，非常に書きやすいと思われる。後半の当該システムを構築するメリットも，よく出る設問内容なので比較的書きやすいと思われる。問題文にはメリットの例として，短期間での再構築とコストの削減が挙げられているが，最近はこの他にパッケージのもつベストプラクティスを導入することによる業務改革の実現などもメリットしてよく挙げられる。後半はもう一つプロジェクト体制について述べる必要がある。これは実際の体制をそのまま述べればよいので，特に難しい点はないと思われる。

　通常の**設問ア**と異なり，三つの事項について書かなくてはいけないので，800字をオーバーしないようにそれぞれの事項を簡潔にまとめることが重要である。

　**設問イ**では，基幹系システムを再構築する際に，パッケージを利用することでどのようなリスクが想定されるかを述べる必要がある。問題文には，リスクの例として，追加開発が多くなることに伴う以下の項目が例示されている。

- コストの増加
- 稼働開始時期の遅れ
- パッケージのバージョンアップ時に追加開発部分の対応が個別に必要となる

　パッケージ導入のリスクは，これ以外にも，以下のようないろいろな事項が考えられる。

- パッケージは汎用的な使い方を想定しているので，個別開発したソフトウェアに比較してコントロールが弱くなることがある。
- パッケージベンダが倒産して，サポートが受けられなくなる。

　リスクについては，比較的書きやすいと思われるが，ここで注意が必要なことが，**設問ウ**との関連を考慮して書くことである。**設問ウ**では，プロジェクト体制，パッケージ選定，契約，追加開発，運用・保守設計，テストの六つの観点から述べることが求められているので，**設問イ**で述べたリスクが何らかの形でこの六つの観点と結びつく必要がある。

　**設問ウ**は，**設問イ**で述べたリスクを踏まえて，パッケージを利用した基幹系システムの再構築の適切性を監査する場合の監査手続を述べる必要がある。本来であれば，リスクを述べた後，そのリスクに対する対応策があり，それに基づいてコントロールが設定され，そのコントロールに対して監査手続を実行することになる。設問にはこの途中の過程が要求されていない。しかし，これを全く述べないと，リスクと監査手続のつながりが希薄になってしまい，説得力のない論文になってしまう。

実際，問題文には，リスクに対する取り組みとして，以下の対応策が述べられている。

- パッケージの機能が業務処理要件などをどの程度満たしているか，ベンダ企業と協力して検証する。
- 追加開発部分も含めたシステムの運用・保守性などにも配慮して再構築する。

これらの記述は**設問イ**に入れることもできるし，**設問ウ**に入れることもできるが，分かりやすさの点では，**設問ウ**に入れた方がよいであろう。

また，**設問ウ**では，次の六つの観点からの記述が求められている。

- プロジェクト体制
- パッケージ選定
- 契約
- 追加開発
- 運用・保守設計
- テスト

これらの観点を一つずつ述べると，タイトル行等も考慮すると，1項目に対して200字ぐらいになってしまい，十分な説明ができず表面的な論文になってしまうおそれがある。そこで関連する項目をいくつかにまとめて，一緒に記述した方が説得力のある論文になると思われる。

## ●論文設計テンプレート

1. **基幹系システムの概要とパッケージを利用した再構築のメリット及びプロジェクト体制**
    1.1 **基幹系システムの概要**
    - 中堅の建設機械卸商社
    - クラウド環境で稼働するERPパッケージを導入
    - 業務範囲は，販売管理，物流管理，会計管理，給与管理
    1.2 **パッケージを利用した再構築のメリット及びプロジェクト体制**
    - 設備投資及び運用コストが大幅に減額
    - 要員数を2／3に圧縮
    - 業務のスピード化を図り在庫圧縮を図る

2. パッケージ利用によるリスク

  2.1 コントロール低下の可能性

    2.1.1 データ入力のワンタイム化

      ・直接会計データとして処理されることによるコントロール低下

    2.1.2 データ入力のリアルタイム化

      ・担当者の入力ミスがそのまま処理されてしまう

  2.2 業務との不整合

    ・パッケージの機能では対応できない部分がある可能性がある

3. 必要な監査手続

  3.1 プロジェクト体制，追加開発

  ・新基幹システム導入委員会のメンバが適切であることを確認

  ・不要な追加開発がないことを確認

  3.2 パッケージ選定，契約

  ・適切なパッケージが選定されているかを確認

  ・Ａ社との役割分担，追加開発の範囲などが明確に規定されていることを確認

  3.3 運用・保守設計，テスト

  ・コントロール低下のリスクへの対応が十分に為されているかを確認

  ・内部統制面のコントロールの十分性についてもテストが行われていることを確認

## サンプル論文

1．基幹系システムの概要とパッケージを利用した再構築のメリット及びプロジェクト体制

### 1．1　基幹系システムの概要

　A社は，売上100億の中堅の建設機械卸商社である。営業拠点は，東京，大阪，名古屋，福岡の4拠点から構成されている。A社では従来，ホストシステムを使用してきたが，システムが旧式化してきたことと，運用コストの削減を目的として，Web環境で稼働するERPパッケージを導入することとなった。また，同時に業務の進め方を全面的に変更し，大幅な業務改善を図る予定でいる。ERPパッケージで置き換える業務範囲は，販売管理，物流管理，会計管理，給与管理などである。

> 業務範囲を述べることにより，システムの概要らしくしている。

### 1．2　パッケージを利用した再構築のメリット及びプロジェクト体制

　ERPパッケージを利用した再構築のメリットとしては，次の項目が挙げられる。

・ハードウェア・インフラがホストコンピュータからWebシステムに変更になることにより，設備投資及び運用コストが大幅に減額できる。

・業務事務での経費削減として業務事務担当者の要員数を2／3に圧縮する。

・業務のスピード化を図り在庫圧縮を図る。

　ERPパッケージ導入のために，情報システム部のメンバと，関係各部門の代表メンバでプロジェクトが作られることとなった。このプロジェクトのリーダーには情報システム部のB課長が任命された。

　また，このプロジェクト全体のコントロール機関として，CIO及び関係役員をメンバとする新基幹システム導入委員会が設置され，基本計画や設備投資の意思決定を

行うこととなった。私は，このプロジェクトのシステム　30
監査を命じられ，必要なタイミングでプロジェクトの適
切性を監査することとなった。　　　　　　　　　　(791字)

> 私の立場を明確にして，設問ウとのつながりを良くしている。

## ２．パッケージ利用によるリスク
### ２．１　コントロール低下の可能性
#### ２．１．１　データ入力のワンタイム化

　旧システムでは，販売管理と会計システムは完全に切
り離されており，販売管理の売上データ，入金データ，　5
発注・仕入管理の仕入データ，支払データなどは，会計
システムに入力し直されていた。従来，販売管理のデー
タの一部には無理な売上を計上するなど信憑性が欠ける
部分があり，これらについては経理部のチェックの過程
で調整が行われ，月次決算データの正確性が保たれてい　10
た。

> 従来と比較して、なぜコントロールの低下が発生するかを明確に説明することが重要。

　しかし，ERPパッケージでは，これらのデータは入力
し直されることなく，直接会計データとして処理される
ことになる。このデータの信頼性低下の対策として，A
社では，営業事務の処理規程を作成し直し，客先からの　15
発注書が存在しない売上や，金額が未確定の売上は立て
ないなど，各処理を従来よりも厳密にチェックすること
で対応しようとしている。

#### ２．１．２　データ入力のリアルタイム化

　旧システムは，バッチ処理が主体であったために，入　20
力の前に会計伝票や入力伝票を作成し，それから入力を
行っていたために，二重のチェックが働いていたが，新
システムでは納品書などの外部からの帳票類から直接入
力を行ったり，受注入力などのように，原票なしに入力
を行った後に帳票が出力されたりするものも多くなった。　25
その結果，担当者の入力ミスがそのまま処理されてしま
うことになる。

これらのコントロールの低下に対処するため，事務処理規程の作成と各入力担当者への教育を徹底して行うこととした。

### ２．２　業務との不整合

今回の導入作業では，短期導入と開発費の削減を図るために，業務をパッケージにできる限り合わせる方針で行われた。**カスタマイズは請求書などの外部向け機能と必要最低限の帳票類に抑えられた。**画面の入力項目も，できる限りそのまま使用することとし，一部の業務手順もパッケージに合わせて業務変更が実施された。既存システムからERPシステムへの移行は，移行コストを抑えるため全社一斉に行われた。

しかし，業務を行っている現場との打合せの中で，パッケージの機能では対応できないという意見が多く出てしまい，カスタマイズのための費用が多くかかってしまうリスクが予想された。

(1061字)

> 問題文の記述に合わせて，追加開発最小限になっていることを強調している。

---

### ３．必要な監査手続

### ３．１　プロジェクト体制，追加開発

ERPパッケージの導入に伴い今までの業務のやり方を変えなければならないケースも多く想定された。これに対して，現場が今までのやり方に固執してしまうとモディファイを多く発生してしまうことになる。これを防ぐためには，**経営トップ主導の意思決定が迅速に行える体制になっていることと，**経営トップの意向が明確に現場に伝わっていることが不可欠である。

私は，これを確認するために，プロジェクト体制図を閲覧して，新基幹システム導入委員会のメンバが適切であることを確認した。また，委員会の議事録を閲覧して必要な決定が迅速に行われていることを確認した。次に，各部門代表のプロジェクトメンバの数人にインタビ

> 指定されている項目を二つずつ挙げている。

> 必要なコントロールに関して記述することにより，監査手続の妥当性を高めている。

ューして，できる限り ERP パッケージの業務のやり方に
合わせて追加開発を抑えるという意向が正しく伝わって
いることを確認した。

　また，現在までに挙がっている追加開発要望の一覧を
閲覧して，不要な追加開発がないことを確認した。

### ３．２　パッケージ選定，契約

　いくらパッケージに業務を合わせる方針だからといっ
ても，元々のパッケージが A 社の業務内容と合っていな
くては，どうしても追加開発は多くなってしまう。そこ
で，適切なパッケージが選定されているかを確認するこ
ととした。具体的には，候補に挙がった各パッケージと
A 社の業務とのフィット・アンド・ギャップ分析の結果
を閲覧した。そこで，必要な業務が網羅されていること
と，適切なフィット・アンド・ギャップの判断が行われ
ていることを確認した。

　最終的なパッケージ選定に際しては，A 社業務との適
合性だけでなく，そのベンダの信頼性，サポート体制な
ども総合的に判断して決定が行われていることを確認し
た。また，パッケージベンダとの契約書を閲覧し，A 社
との役割分担，追加開発の範囲などが明確に規定されて
いることを確認した。

### ３．３　運用・保守設計，テスト

　今回のプロジェクトでは，コントロール低下のリスク
が懸念されているので，この対応が十分に為されている
かを確認する必要がある。具体的には，このパッケージ
を使用した場合の運用設計が適切に行われていることを
確認する必要がある。今回のプロジェクトでは，各業務
に関して運用フローチャートが作成されていたので，そ
れを閲覧して，各業務の運用の流れがきちんと定義され，
それがコントロールの十分性及びパッケージとの整合性
の観点から問題がないかを確認した。また，パッケージ
導入当初は，業務上の混乱がある程度は発生すると思わ

設問イの記述との整合性
をとっている。

れるので，その場合の問合せ窓口が明確に決められてい
ることなども導入計画書を見て確認した。
　また，これらの新しい業務の流れが問題ないことを確
認するテストも重要なので，テスト結果報告書を閲覧し
て必要なテストが行えていることと，その場合に内部統
制面のコントロールの十分性についてもテストが行われ
ていることを確認した。

(1311字)

## 著者紹介

### 落合 和雄（おちあい かずお）

コンピュータメーカ，SIベンダでITコンサルティング等に従事後，1998年経営コンサルタントとして独立。経営計画立案，IT関係を中心に，コンサルティング・講演・執筆等，幅広い活動を展開中。特に，経営戦略及び情報戦略の立案支援，経営管理制度の仕組み構築などを得意とし，これらの活動のツールとしてナビゲーション経営という経営管理手法を提唱し，これに基づくコンサルティング活動を展開中である。また，高度情報処理技術者試験（システム監査，システムアナリスト，プロジェクトマネージャ等）対策講座で多くの合格者を輩出しており，わかりやすく，丁寧な解説で定評がある。即物的な解の求め方を教えるのではなく，思考プロセスを尊重し，応用力を育てる「考える講座」を得意とする。

情報処理技術者システム監査・特種，中小企業診断士，ITコーディネータ，PMP，税理士
著書に，『未来型オフィス構想』（同友館・共著），『ITエンジニアのための【法律】がわかる本』（翔泳社），『ITエンジニアのための【会計知識】がわかる本』（翔泳社），『実践ナビゲーション経営』（同友館）ほか，情報処理技術者試験関係の執筆多数。

装丁：金井 千夏

---

[ワイド版] 情報処理教科書
## システム監査技術者 平成 25 年度 午後 過去問題集

**2016 年　10 月 1 日　初 版　第 1 刷 発行（オンデマンド印刷版 ver.1.0）**

|  |  |  |
|---|---|---|
| 著　　　者 | 落合 和雄 |
| 発 行 人 | 佐々木 幹夫 |
| 発 行 所 | 株式会社 翔泳社　（http://www.shoeisha.co.jp） |
| 印刷・製本 | 大日本印刷株式会社 |

©2014 Kazuo Ochiai

本書は著作権法上の保護を受けています。本書の一部または全部について、株式会社 翔泳社から文書による許諾を得ずに、いかなる方法においても無断で複写、複製することは禁じられています。

本書は『情報処理教科書 システム監査技術者 2015 ～ 2016 年版（ISBN978-4-7981-3849-7）』を底本として、その一部を抜出し作成しました。記載内容は底本発行時のものです。底本再現のためオンデマンド版としては不要な情報を含んでいる場合があります。また、底本と異なる表記・表現の場合があります。予めご了承ください。

本書へのお問い合わせについては、2 ページに記載の内容をお読みください。

乱丁・落丁はお取り替えいたします。03-5362-3705 までご連絡ください。

ISBN978-4-7981-4989-9